热泵技术
及其在热电联产中的应用

刘 安 张振华 尹海宇 张振新 祝 宪 编 著

中国电力出版社
CHINA ELECTRIC POWER PRESS

内 容 提 要

随着热电联产技术和供热产业的发展，相关经营企业生产和管理逐步向精细化、精益化发展，热电联产技术创新也不断涌现。热泵作为较早引入我国发电行业回收汽轮机排汽余热的技术装备，目前广泛应用于供热机组扩大供热能力改造、纯凝机组改造为供热机组以及分布式能源等项目，有效利用占比 40%～50% 的机组冷源损失，并成为一项重要的火电机组节能减排技术和清洁取暖替代技术。

本书系统阐述了热泵在热电联产应用中的热力学原理、设计选型、技术指标以及安装、运行、维护等主要内容，提供了热泵项目典型选型案例和工程实施案例，并对项目验收与评价进行了讨论，以指导热泵工程项目实施和运行。

本书可为热电联产机组技术人员、热能动力专业人员等提供学习参考，也可为节能减排技术工程人员借鉴学习。

图书在版编目（CIP）数据

热泵技术及其在热电联产中的应用 / 刘安等编著 . —北京：中国电力出版社，2019.6
ISBN 978-7-5198-3294-0

Ⅰ．①热… Ⅱ．①刘… Ⅲ．①热电厂－热泵 Ⅳ．① TM621

中国版本图书馆 CIP 数据核字（2019）第 123114 号

出版发行：中国电力出版社
地　　址：北京市东城区北京站西街 19 号（邮政编码 100005）
网　　址：http://www.cepp.sgcc.com.cn
责任编辑：宋红梅
责任校对：黄　蓓　朱丽芳
装帧设计：王红柳
责任印制：吴　迪

印　　刷：三河市百盛印装有限公司
版　　次：2019 年 7 月第一版
印　　次：2019 年 7 月北京第一次印刷
开　　本：787 毫米×1092 毫米　16 开本
印　　张：10
字　　数：205 千字
定　　价：42.00 元

前　　言

　　在当前全球大力推进降低碳排放和建设可持续发展、绿色节约环保型社会的背景下，热电联产技术作为一项重要节能减排措施，受到各国广泛重视和大力发展。同时，在习总书记"四个能源革命"战略思想指引下，为适应国民经济发展新常态，我国电力行业发展已经进入新时期，尤其是发电领域处于结构调整等新变革的关键时期，对火电机组节能减排工作提出了新时代新的更高要求。2014年，国家发展改革委、环保部、国家能源局联合印发《煤电节能减排升级与改造行动计划》（以下简称《计划》），对煤电行业全面落实"节约、清洁、安全"的能源战略方针、加快升级与改造、提升高效清洁发展水平等工作作出具体部署。根据《计划》，到2020年，现役燃煤发电机组改造后平均供电煤耗将低于310g/(kW·h)，在执行更严格能效环保标准的前提下，煤炭占一次能源消费比重力争下降到62%以内，电煤占煤炭消费比重提高到60%以上。《计划》要求，重点对30万kW和60万kW等级亚临界、超临界机组实施综合性、系统性节能改造，强化自备机组节能减排。可以说，火电机组节能减排要求会越来越严格。

　　随着热电联产技术和供热产业的发展，相关经营企业生产和管理逐步向精细化、精益化发展，热电联产技术创新也不断涌现。热泵作为较早引入我国发电行业回收汽轮机排汽余热的技术装备，在国内众多高等院校、科研机构和广大发电企业等单位共同努力下，自2008年以来广泛应用于供热机组扩大供热能力改造、纯凝机组改供热以及分布式能源等项目，为有效利用占比40%～50%的机组冷源损失提供了重要技术路线，并成为一项重要的火电机组节能减排技术和清洁取暖替代技术，也为我国热电联产事业的技术进步做出了重要贡献。

　　吸收式热泵采用溴化锂溶液这种特殊工作介质，不同于基于典型朗肯蒸汽动力循环的蒸汽发电机组做功介质——水和水蒸气，同时存在热网循环水、驱动蒸汽、余热循环水（余热蒸汽）等多个边界条件与汽轮机组耦合运行问题，其工作原理、设计选型与指标计算、安装维护、运行调整及项目评价等各方面都有很多自身特点。从实际热电联产工程项目中可以看到，一直以来作为回收汽轮机排汽余热的重要设备，吸收式热泵技术对于传统火电行业而言并不熟悉，早期更无相关技术规范、标准进行参考，导致在实际工程项目当中存在热泵投产后达不到实际设计效果，造成了投资浪费，甚至影响了电厂原有热力系统运行。可见，吸收式热泵技术在热电联产中应用仍需要在理论研究和工程应用中不断总结完善。

　　本书旨在总结热泵理论研究、热电联产项目工程实践经验，并结合国家能源局近年发布的吸收式热泵相关电力行业标准基础上，系统阐述热泵在热电联产应用中的热力学原理、设计选型、技术指标以及安装、运行、维护等主要方面，提供了热泵项目典型选型案例和工程实施案例，并对项目验收与评价进行了讨论，以指导热泵工程项目实施和运行。

全书共分为十章。第一章简要介绍了热电联产技术和热泵技术发展现状；第二章阐述热泵的热力学原理，从热力学基本理论概述引申到吸收式热泵热力循环，并进行重点讨论分析；第三章从热泵分类出发，着重描述吸收式热泵结构、工作原理与应用；第四章重点分析热泵选型与系统设计，从热网循环水、驱动蒸汽和余热循环水（余热蒸汽）3个边界条件进行选型与优化设计的描述，并介绍了技术经济评价方法；第五章主要针对热电联产机组系统概述了热泵参数、热泵技术指标、机组性能参数及其计算方法，并提供了详细计算算例；第六章介绍了热泵安装过程、调整试运技术；第七章重点对热泵日常运行和停运期间的维护保养进行了介绍；第八章从热泵运行角度出发，介绍了热泵启停、运行调整、典型故障处理以及优化运行等方面内容；第九章概述了热泵项目验收与评价，并介绍了性能验收考核试验；第十章基于热泵热电联产工程项目实际，给出了湿冷机组、空冷机组以及换热热力站等典型项目应用案例，供读者进行参考。

本书主要编者均为吸收式热泵相关电力行业标准的主要编写人。全书由原大唐国际祝宪负责结构框架编辑，其中第一章由西安热工研究院刘安和江苏双良集团张振新编写，第二章、第五章由刘安编写，第三章由张振新编写，第四章、第九章由大唐科学研究院张振华编写，第六章、第七章、第八章由大唐国际云冈热电尹海宇编写，第十章由张振新、尹海宇编写。

本书的成稿得到西安热工研究院节能减排技术中心有关同志，以及山西大唐国际云冈热电有限责任公司等单位的大力支持，在此表示特别感谢。限于作者水平和经验，书中难免存在不妥之处，敬请读者给予批评指正。

编者
2019年6月

目　　录

第一章

技术发展现状

第一节 热 电 联 产

一、应用发展

人们开始利用热力发电不久，就发现利用发电机组进行热电联产可以大幅降低发电和供热的整体成本。1893 年汉堡市首次采用中心电站的热量进行供暖，当时的发电机组还是由蒸汽机驱动。20 世纪初，汽轮机技术逐渐成熟，并开始广泛应用到电力生产。1905 年，英国制造出世界上第一台热电联产汽轮机组，开启了汽轮机组热电联产的历史。随后热电联产技术一直与汽轮机组发电技术同步发展。

由于热电联产技术具有显著的节能减排优势，所以在世界范围内得到了广泛发展。各国均有政策支持和鼓励热电联产的应用，目前北欧、东欧、俄罗斯、美国等地区和国家的热电联产均有较高的发展水平。

我国热电联产电厂从 20 世纪 50 年代开始规模建设，热电联产集中供热总装机容量不断增长。目前，城市和工业园区供热已基本形成以热电联产和大型锅炉房集中供热为主、分散燃煤锅炉和其他清洁能源供热为辅的供热格局。截至 2017 年底热电联产机组约占火电装机容量的 40%，装机容量及增速均已处于世界领先水平。当前我国热电联产快速发展，同时也存在热电发展不同步、大型抽凝热电联产发展方式受限、不利于清洁能源消耗和环境改善、整体供暖能耗偏高等问题。因此，我国于 2016 年前后发布了《热电联产管理办法》等相关规定，进一步规范并促进了热电联产的科学发展。

二、技术发展

热电联产的热用户主要分为两类，一是工业用户，二是采暖用户。工业用户基本采用直接供汽的方式，一般需要的抽汽压力和温度较高，供汽参数也随着用户的需求有较大的差异。采暖用户一般采用间接供热方式，也有少量采用蒸汽直接供热方式。间接供热即在发电厂内设置热网首站，使用汽轮机的抽汽或排汽加热热网循环水，再由热网循环水将热量带给用户。

传统的热电联产汽轮机有两种主要形式，即抽汽供热和背压供热。抽汽供热是从汽轮机蒸汽流通中间过程抽出蒸汽来供热，运行方式灵活，在不供热的时候可以完全用来发电。背压供热是将汽轮机排汽全部用于供热，供热量大，能量利用效率高。

（一）供热改造技术路线

随着国民经济发展、人民生活需求提高以及节能环保要求，供热市场需求增加较快。对很多原有纯凝机组进行供热改造，也形成了多种不同的供热改造技术路线。主要技术如下：

1. 打孔抽汽供热技术

典型的是在汽轮机的中低压连通管上引出抽汽用于供热。由于部分纯凝汽轮机原设计中压缸排汽压力一般比供热需要的蒸汽压力高出较多，故供热抽汽有较大的节流损失。

2. 背压供热技术

背压机组对能量的利用率高，但完全改造为背压型机组，机组在没有热用户的时候只能停机，因此一般只适用于相对较小的机组；对于大机组，则有小幅提高机组背压对热网水进行第一级加热，再由原有热网加热器加热的梯级供热方案。

3. 双转子互换背压供热技术

对于大机组发展了双转子互换背压供热技术，即低压缸备有供热期专用的转子及相应的隔板等部件，甚至直接采用光轴，纯凝运行时仍采用原转子。双转子互换背压供热具有供热量大、经济性较好等优点，但其电负荷完全受热负荷的制约，几乎没有独立调节空间。且双转子互换技术需要每年两次更换转子，引入了额外的设备和工作量投入。

4. 热泵回收余热供热技术

利用吸收式热泵回收汽轮机排汽、烟气等的余热进行供热，能够大幅提高抽汽供热机组的供热能力。由于利用了低品质的热能进行供热，所以具有良好的供热经济性、供热灵活性。随着应用的迅速推广，热泵的造价虽然已经有较大降低，但仍相对偏高。

5. 大温差技术

通过在热网侧装设热泵，降低热网回水温度，既可提高供热能力，又可利用汽轮机排汽对热网回水进行一级加热。

（二）供热系统的优化技术

在近年来的热电联产技术的发展中，伴随着火电行业整体节能减排以及提高企业经济效益等要求，人们对降低供热过程中的损失进行了积极的探索。在上面大的技术路线基础上，又出现了对供热系统的优化技术，例如：

1. 梯级供热技术

利用电厂不同品质蒸汽对热网循环水进行梯级加热，根据实际情况可能选择的热源包括汽轮机排汽、不同等级抽汽、不同机组排汽和供热抽汽压力不同时的梯级加热等。

2. 抽汽压力匹配技术

利用高压抽汽引射低压抽汽，得到适合供热参数的蒸汽，可减少供热所消耗的高品质蒸汽。设置供热抽汽前置背压机，为减少供热抽汽的节流损失，将抽汽首先引入背压式汽轮机做功，汽轮机的排汽再引入热网加热器。

3. 低压缸切除供热技术

近年来发展了低压缸切除供热技术，供热期间低压缸仅维持极小量的冷却蒸汽，可达到接近背压供热的供热能力，且具有抽汽供热的灵活性，又避免了双转子互换的额外投入。由于该项技术尚在起步阶段，其应用的安全可靠性仍有待进一步的实践检验和完善。

4. 热网调节节能技术

通过改进热网调节实现供热节能，如采用大流量低供热温度供热方式；通过热网调节优化，改善偏远区域供热情况，以使能够采用更低的热网供水满足整个热网的需求。进而提出源网一体化、智能热网等新的概念。

5. 热电解耦

为解决热电发展不匹配问题，通过采用储热装置、电锅炉以及旁路供热等技术方式，实现热负荷和电负荷解耦运行，并促进风电、太阳能等清洁能源的消纳。

6. 其他

其他还有长距离供热、地源热泵、空气源热泵等技术措施。

第二节 热 泵

一、 热泵发展历程

1824 年法国科学家萨迪·卡诺（Sadikarnot）首次提出"卡诺循环"理论，为热泵技术发展奠定了理论基础。1852 年英国科学家开尔文（L. Kelvin）提出将逆卡诺循环用于加热的热泵设想。1912 年瑞士苏黎世成功安装一套以河水作为低位热源的热泵设备用于供暖，这套水源热泵系统，也是世界上第一套热泵系统。热泵在 20 世纪 50 年代前后得到逐步发展，家用热泵和工业建筑用热泵开始进入市场。

20 世纪 70 年代以来，世界热泵发展进入了快速发展时期，各国对热泵的研究工作都十分重视，诸如国际能源机构和欧洲共同体，都制定了热泵发展计划，热泵新技术层出不穷，单机容量不断增加，应用行业及领域不断扩大，在能源节约和环境保护方面起着较大的作用。

我国热泵的研究工作起步晚 20～30 年。20 世纪 90 年代才逐步形成了我国完整的热泵工业体系，以电能为驱动能源的压缩式热泵主要包括热泵式家用空调、空气源热泵和水源热泵，其中热泵式家用空调器厂家约近百家；空气源热泵生产厂家约有 40 余家；水源热泵生产厂家约有 20 余家；国际知名品牌热泵生产厂商纷纷在我国投资建厂，我国已步入国际上空调用热泵的生产大国，产品质量已达国际先进水平。

进入 21 世纪，热泵因其具有高效回收低温热能的特点，成为极有价值的节能减排技术。前国际热能署专门成立国际热泵中心，设立热泵推广工程（Heat Pump Programme），积极向各国推广热泵技术应用。美国、加拿大、瑞典、丹麦、德国、日本、韩国等国政府均发出官方指引，促进热泵技术的应用。

近年来，由于我国沿海地区快速城市化、人均 GDP 增长、2008 年北京奥运会和 2010 年上海世博会等因素拉动了我国空调市场的发展，促进了热泵在我国的应用越来越广泛，热泵的发展十分迅速，热泵技术的研究不断创新。

以蒸汽、热水和燃气为驱动能源的大型溴化锂吸收式热泵在近十余年得到了快速发展，目前国内规模化生产吸收式热泵的企业不足十家，从产品应用来说，吸收式热泵主要在热电联产、石油化工等具备余热条件和有大规模供热需求的场所使用。

二、 技术发展

在吸收式热泵技术发展和应用方面，2008 年我国率先将吸收式热泵用于热电联产集中供热，使吸收式热泵的应用领域进一步扩大。由于电厂热电联产通常采用采暖抽汽加热热网水，抽凝式汽轮机组一般都有部分排汽通过空冷岛或凝汽器进行冷凝，采用吸收式热泵可以利用采暖抽汽作为驱动热源，回收汽轮机排汽或凝汽器循环水余热增加供热，由于吸收式热泵耗电量小，只需要增加很少量的厂用电，因此，在热电联产中得到了迅速推广，目前国内已经有 100 多家电厂采用吸收式热泵技术供热。

随着吸收式热泵在热电联产领域的大规模推广，在技术发展方面，设计单机更大容量的热泵和进一步提高热泵性能是发展方向。目前空冷机组使用的吸收式热泵单机容量可以达到 60～70MW，湿冷机组电厂使用的吸收式热泵单机容量也可以达到 40～50MW。在提高吸收式热泵性能方面，空冷机组使用的吸收式热泵 COP 值从 1.70 左右提高到 1.80 以上，湿冷机组使用的吸收式热泵 COP 值也可以提高到 1.70 以上。

近几年，部分城市设计"一城一网"，利用城市周边区域的电厂提供热源，通过长距离管网供热。为降低管道投资，提高供热效率采用大温差供热方式，即在中继能源站或热力站安装吸收式热泵，将一次网供回水温差从原来的 60～70℃，拉大到 100～110℃。目前，已经有太原、济南、石家庄、银川等十余个城市采用大温差供热技术。

在压缩式热泵技术发展和应用方面，最新研发的磁悬浮离心式热泵，采用磁悬浮离心压缩机，其核心在于磁悬浮轴承，磁悬浮轴承使得运动部件完全悬浮，压缩机内部完全无摩擦运行，运行噪声低，无需减振配件。磁悬浮轴承不使用任何润滑油，不会存在润滑油残留影响换热问题。磁悬浮压缩离心式热泵效率高于传统离心压缩式热泵，与其他常规类型热泵机组相比，其节电效果明显。

第二章
热力学原理概述

热力学以大量实验观测得到的基本定律为基础，从宏观角度研究物质热运动中能量传递和转换的规律，所得出的结论具有高度可靠性和普遍性。本章对热泵相关的热力学原理进行简单回顾，主要包括状态参数、状态方程、基本定律、卡诺循环、溶液热力学基本概念，以及溴化锂水溶液（可简称为溴化锂溶液）的性质。

第一节　基　本　概　念

一、工质状态参数

汽轮机、热泵等热力机械利用一些物质的状态变化来做功或对环境加热和制冷，这些物质就称为工质。工质在工作过程中会处于不同的状态，如气液态的变化、压力的变化、温度的变化。用来说明工质状态的物理量称为状态参数。单元系统的状态参数有压力、温度、比容、比焓、比熵等，对多元系统还有各个组成成分的质量分数。

1. 压力

压力是工质作用在容器壁单位面积上的力。在法定计量单位中，压力的单位是 Pa，及作用在 $1m^2$ 上的力为 1N 时的压力。由于 Pa 的单位很小，一般还用 MPa 或 kPa 等单位。转换关系为

$$1Pa = 1N/m^2 \quad 1kPa = 10^3 Pa \quad 1MPa = 10^3 kPa$$

在工程中一般使用的表压力是指实际压力与大气压之间的差值，又称为相对压力。实际压力又称为绝对压力。换算关系为

$$p_a = p_{atm} + p_g$$

式中　p_g——表压力，MPa；

　　　p_a——绝对压力，MPa；

　　　p_{atm}——大气压，MPa。

2. 温度

温度是表示物体冷热程度的物理量，微观上反映了物体分子热运动的剧烈程度。

用来量度物体温度数值的标尺叫温标。它规定了温度的读数起点（零点）和测量温度的基本单位。国际单位为热力学温标（K）。目前我国在工程中习惯使用摄氏温标（℃）。

摄氏温度 t（℃）以 1 个标准大气压下水的冰点为 0℃，水的沸点为 100℃。

热力学温度 T（K）是温度的法定计量单位，以水的三相点（0.01℃）为 273.16K，分度值与摄氏度相同。

两者换算关系为

$$t = T - 273.15$$

式中　t——摄氏温度，℃；

　　　T——热力学温度，K。

3. 密度和比容

工质的密度 ρ 是单位体积工质的质量，工质的比容 v 则是单位质量工质的体积。密度和比容互为倒数，即

$$\rho = \frac{m}{V}$$

$$v = \frac{\rho}{m} = \frac{1}{\rho}$$

式中　ρ——密度，kg/m³；

　　　m——质量，kg；

　　　V——体积，m³；

　　　v——比容，m³/kg。

4. 比内能和比焓

内能是组成物体分子的无规则热运动动能和分子间相互作用势能的总和。内能常用符号 U 表示，内能具有能量的量纲，国际单位是 J（焦耳）。单位质量工质的内能称为比内能，用 u 表示，单位是 kJ/kg。

原则上讲，物体的内能应该包括其中所有微观粒子的动能、势能、化学能、电离能和原子核内部的核能等能量的总和，但在一般热力学状态的变化过程中，物质的分子结构、原子结构和核结构不发生变化，因此，可不考虑这些能量的改变。但当在热力学研究中涉及化学反应时，需要把化学能包括到内能中。物体的内能不包括这个物体整体运动时的动能和它在重力场中的势能。同时，内能是一个广延物理量，即两个部分的总内能等于它们各自的内能之和。

焓是一个复合的状态参数，表示流动工质进出系统时携带的总能量，用符号 H 表示。当压力为 p、体积为 V 的工质进入一个系统时，系统内增加的能量有工质的内能 U，以及工质推动活塞和负载所作的推动功 pV。因此，焓的物理意义为工质流入系统时所带入系统的总能量。单位质量工质的焓称为比焓，用 h 表示，对应的单位是 kJ/kg。定义为

$$h = u + pv$$

式中　h——比焓，kJ/kg；

　　　u——比内能，kJ/kg；

p——压力，kPa；

v——比容，m^3/kg。

由于热工设备一般都是工质在流动过程中完成换热和做功，所以都使用比焓来表征工质的能量。

比内能和比焓都是状态参数，给定的工质只要有相同的初始参数和终态参数，任何过程中比内能和比焓的变化都相同。

比内能和比焓不能直接测量，且其绝对值也不能确定。实践中用到的是比内能和比焓的变化量，为了方便使用，对不同的工质均规定了某个状态为比焓的零点。

5. 比熵

熵是表示宏观系统混乱程度的状态参数，用符号 S 表示。单位质量工质的熵称为比熵，用 s 表示，单位是 $kJ/(kg \cdot K)$。熵使用增量的形式定义为

$$ds = \frac{dq}{T}$$

$$\Delta s = s_2 - s_1 = \int_1^2 \frac{dq}{T}$$

式中 s——比熵，$kJ/(kg \cdot K)$；

q——输入工质中的比热量，J；

T——热力学温度，K。

下标 1、2 分别为初状态和终状态。

由定义可见，系统中熵的变化可反映出热量传递的方向，当外界加热系统时，$dq > 0$，则 $\Delta s > 0$；反之，$\Delta s < 0$。与外界无功和热交换的系统称为孤立系统。当孤立系统中发生不可逆过程（如摩擦、温差传热等）时，系统的熵增加；而当发生可逆过程时，熵不变，但熵不可能减小。这样，熵就可以用来判别过程的方向性。

工质的熵不能直接测量，且其绝对值也不能确定，为了方便使用，对不同的工质均规定了某个状态为比熵的零点。以水为例，根据 1963 年国际水蒸气会议规定，选定水三相点的液相水作为基准点，规定在该点状态下的液相水的比内能和比熵为 0。即三相点液相水的参数为

$$p = 0.6112 \text{kPa}$$

$$v = 0.00100022 \text{m}^3/\text{kg}$$

$$T = 273.16 \text{K}$$

$$u = 0 \text{kJ/kg}$$

$$s = 0 \text{kJ}/(\text{kg} \cdot \text{K})$$

根据比焓定义，则

$$h = u + pv = 0 + 0.6112 \times 0.00100022$$
$$= 0.000614 (\text{kJ/kg}) \approx 0 \text{kJ/kg}$$

因此，工程上认为三相点液相水的比焓取零已足够精确。

6. 质量分数与摩尔分数

对于多元系统，工质可有几种组分组成，其中某一种组分的质量 m_i 与总质量 m 的比值称为该组分的质量分数 ξ，公式为

$$\xi = \frac{m_i}{m}$$

式中　ξ——质量分数；

　　　m_i——组分的质量；

　　　m——总质量。

对于二元溶液而言，习惯直接用 ξ 表示溶质的质量分数，如溴化锂溶液的质量分数即是指溶解在水（溶剂）中的溴化锂（溶质）的质量分数。在工程中，则将溴化锂的质量分数称为溴化锂溶液的浓度，即

$$\xi = \frac{m_{LiBr}}{m_{LiBr} + m_{H_2O}}$$

式中　m_{LiBr}——溴化锂的质量；

　　　m_{H_2O}——水的质量。

同理，将公式中的质量换成摩尔数即可得到组分的摩尔分数。

二、 气体状态方程

由于气体的各项状态参数中，压力、温度、比容可以直接测量，所以称为基本状态参数。

对于单一组分的气体或液体在各个状态参数中，只要确定其中两项，状态就被确定了。气体状态方程就是反映基本状态参数之间关系的方程。处于平衡态的理想气体状态方程为

$$pv = RT$$

式中　p——压力，Pa；

　　　v——比容，m^3/kg；

　　　T——热力学温度，K；

　　　R——标准状态下气体常数，$J/(kg \cdot K)$。

由方程可见，对于理想气体，压力与温度成正比，比容与温度成正比，压力与比容成反比。

实际气体都不同程度地偏离理想气体状态方程。偏离大小取决于压力、温度与气体的性质，特别是取决于气体液化的难易程度。随着压力降低、温度升高，实际气体性质越接近理想气体。对于处在室温及 1 个标准大气压左右的气体，这种偏离是很小的。

掌握实际工质各个状态参数之间的关系，对于研究各种循环的性能具有重要作用，描述这些状态参数之间关系的函数称为该工质的热力性质方程。而热泵中的工质有水和水蒸气、溴化锂水溶液，这些工质状态参数之间的关系相对复杂。对于水和水蒸气，工

程中普遍使用国际公式化委员会提出的 IFC67 公式，或国际水和水蒸气性质协会提出的 IAPWS-IF97 公式进行计算。溴化锂水溶液状态参数之间的关系也有物性曲线可供使用。

第二节 基 本 定 律

热力学第一定律和热力学第二定律阐明了在热功转换及热量传递过程中所遵循的自然规律，并经过长期的实践检验，在热能动力领域内具有重要的指导意义。

一、 热力学第一定律

自 1850 年起，科学界公认能量守恒定律是自然界普遍规律之一。能量守恒与转化定律可表述为：自然界的一切物质都具有能量，能量有各种不同形式，能够从一种形式转化为另一种形式，但在转化过程中，能量总量不变。热力学第一定律是能量守恒与转化定律在热现象领域内的具体形式。

表征热力学系统所具有能量的是内能。通过做功和传热，系统与外界交换能量，使内能有所变化。对于与外界没有物质交换的封闭系统，根据能量守恒定律，系统由初态经过任意过程到达终态后，内能的增量应等于在此过程中外界对系统传递的热量和系统对外界做功之差。以单位质量工质的形式，热力学第一定律可表示为以下的数量关系，即

$$q = \Delta u + w$$

式中　q——外界加给系统的热量；

　　　Δu——系统中内能增量；

　　　w——系统对外做的功。

内能的变化量只涉及初态、终态，只要求系统初态、终态是平衡态，与中间状态是否是平衡态无关。

对于有工质进出的开放系统，还有因物质从外界进出系统而携带的能量，也应计入这些能量。在工程中大多遇到的情况是工质以稳定的状态和速度流进一个设备，在其中发生状态变化后又以另一稳定的状态和速度从设备流出，这样的过程称为稳定流动过程。如锅炉、汽轮机、热泵及其中的各个加热器均是开放系统。当单位质量工质流入系统中，除了上式中的功和热的交换外，还与上游及下游的流体发生了机械能交换，工质流进系统时受后面流体对它做的推动功 $p_1 v_1$，工质流出系统时又对前面流体作推动功 $p_2 v_2$。根据能量守恒，在稳定流动情况下，流进系统的能量等于流出系统的能量。如忽略工质流动时的动能和位能，则有开放系统的能量方程为

$$q = (u_2 + p_2 v_2) - (u_1 + p_1 v_1) + w = h_2 - h_1 + w$$

溴化锂吸收式热泵中，发生器、冷凝器、蒸发器和吸收器等热交换器只与外界有热量交换而不对外做功，即 $w = 0$，则

$$q=\sum(h_2-h_1)$$

如所得的热量是负值，说明工质向外放热，吸收器和冷凝器中就是这样。

热力学第一定律的另一种表述是第一类永动机是不可能造出的。这是许多人幻想制造的能不断地做功而无需任何燃料和动力的机器，是能够无中生有、源源不断提供能量的机器。显然，第一类永动机违背能量守恒定律。

二、 热力学第二定律

热力学第二定律指出了能量转换和传递的方向性。实践证明，在自然界热量可以自发地从高温物体传递到低温物体，不可能自发地、不付代价地从低温物体传向高温物体。反之，花费一定的能量则可以使热量从低温传向高温。热泵装置即为消耗一部分外界能量而实现热量从低温向高温的传递。

热力学第二定律是在热力学第一定律建立后不久建立起来的，并与卡诺定理有着密切的关系。德国人克劳修斯（Rudolph Clausius）和英国人开尔文（Lord Kelvin）在热力学第一定律建立以后重新审查了卡诺定理，发现了某种不和谐：按照能量守恒定律，热和功应该是等价的，可是按照卡诺的理论，热和功并不是完全相同的，原因是功可以完全变成热而不需要任何条件，而热转换为功却必须伴随有热量的损耗。他们分别于1850年和1851年提出了一种新的原理，现在被称为热力学第二定律的克劳修斯表述和开尔文表述：

克劳修斯表述：不可能把热量从低温物体传向高温物体而不引起其他变化。

开尔文表述：不可能从单一热源取热，使之完全变为功而不引起其他变化。

此外，热力学第二定律还有其他表述。如针对焦耳热功当量实验的普朗克表述：不可存在一个机器，在循环动作中把以重物升高而同时使一热库冷却。以及较为近期的 Hatsopoulos-Keenan 表述：对于一个有给定能量、物质组成、参数的系统，存在这样一个稳定的平衡态，即其他状态总可以通过可逆过程达到之。

热力学中可以证明，以上各种表述方式都是等价的，它们都是关于自然界涉及热现象的宏观过程进行方向的规律。其实，热力学第二定律还可以有其他很多种不同的表述方式。广义地讲，只要指明某个方面不可逆过程进行的方向性，就可以认为是热力学第二定律的一种表述。

在引入了熵的概念后，热力学第二定律可以表述为熵增加原理。

熵增加原理：孤立系统的熵永不自动减少，熵在可逆过程中不变，在不可逆过程中增加。

熵增加原理是热力学第二定律较为广泛采用的一种表述，它更为概括地指出了不可逆过程的进行方向。

热力学第二定律说明，对于有温差的传热、扩散、渗透、混合、燃烧、电热和磁滞等热力过程，虽然其逆过程仍符合热力学第一定律，但却不能自发地发生。热力学第一定律未解决能量转换过程中的方向、条件和限度问题，这恰恰是由热力学第二定律所规定的。

开尔文表述更直接指出了第二类永动机的不可能性。所谓第二类永动机，是指当时有人提出制造一种从单一热源（如海水）吸取热量而做功的机器。这种想法，并不违背能量守恒定律，而开尔文的说法指出了这是不可能实现的。因此，开尔文表述还可以表述成：第二类永动机不可能实现。

熵增加原理的表述揭示了热力学第二定律是大量分子无规则运动所具有的统计规律，也从某种程度上给出了热力学第二定律的适用条件，即适用于由很大数目分子所构成的系统及有限范围内的宏观过程，而不适用于少量的微观体系，也不能把它推广到无限的宇宙。热力学第二定律是建立在对实验结果观测和总结基础上的定律，并无理论上的严谨证明。虽然在过去的一百多年间的实践中未发现与第二定律相悖的实验现象，但自 20 世纪 90 年代以来，部分学者在理论和实验观测的角度也对热力学第二定律在某些特定条件下的适用性提出了一些质疑。而在工程应用的范围内，热力学第二定律是经过实践检验有效的。

第三节 卡 诺 循 环

卡诺循环的概念是由法国工程师卡诺（Nicolas Léonard Sadi Carnot）于 1824 年在对热机的最大可能效率问题作理论研究时提出的。卡诺循环（Carnot cycle）是工作于两个恒温热源之间的简单循环。工质只能与两个热源交换热量，其高温热源的温度为 T_1，低温热源的温度为 T_2，见图 2-1，卡诺循环是由两个等温过程和两个绝热过程组成的可逆循环，具体为：

（1）等温吸热 a-b。在这个过程中系统从高温热源中吸收热量。

（2）绝热膨胀 b-c。在这个过程中系统对环境做功，温度降低。

（3）等温放热 c-d。在这个过程中系统向环境中放出热量，体积压缩。

（4）绝热压缩 d-a。系统恢复原来状态，在压缩过程中系统对环境做负功。

在温-熵（T-S）图中（见图 2-1），a-b-c-d-a 为正卡诺循环，a-b 为可逆定温吸热过程，工质在温度 T_1 下从相同温度的高温热源吸入热量 Q_1；b-c 为可逆绝热过程，工质温度自 T_1 降为 T_2；c-d 为可逆定温放热过程，工质在温度 T_2 下向相同温度的低温热源排放热量 Q_2；d-a 为可逆绝热过程，工质温度自 T_2 升高到 T_1，完成一个可逆循环，对外作出净功 W。

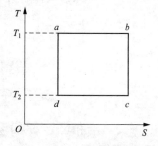

图 2-1　卡诺循环 T-S 图

卡诺循环从高温热源吸收热量 Q_1，向低温热源放出热量 Q_2，净吸收热量 $Q=Q_1-Q_2$，对外输出功率为 W。通过热力学相关定理可以得出，卡诺循环的热效率仅与两个热源的

热力学温度有关，即

$$\eta = \frac{W}{Q_1} = 1 - \frac{Q_2}{Q_1} = 1 - \frac{T_2}{T_1}$$

如果高温热源的温度 T_1 越高，低温热源的温度 T_2 越低，则卡诺循环的效率越高。因为不能获得 $T_1 \rightarrow \infty$ 的高温热源或 $T_2 = 0\text{K}(-273℃)$ 的低温热源，所以，卡诺循环的效率必定小于1。

卡诺循环沿着相反方向工作，则将其称为逆卡诺循环，外界向循环输入净功率，循环从低温热源吸热并向高温热源供热。逆卡诺循环可用于制冷循环及热泵循环。其制冷系数 ε 或供暖系数 ε' 也完全由两个热源的温度决定，即

$$\varepsilon = \frac{Q_2}{W} = \frac{Q_2}{Q_1 - Q_2} = \frac{T_2}{T_1 - T_2}$$

$$\varepsilon' = \frac{Q_1}{W} = \frac{Q_1}{Q_1 - Q_2} = \frac{T_1}{T_1 - T_2}$$

可以证明，工作在相同热源之间的任何工质做卡诺循环，其效率都一致；还可以证明，所有实际循环的效率都低于同样条件下卡诺循环的效率，也就是说，如果高温热源和低温热源的温度确定之后卡诺循环的效率是在它们之间工作的一切热机的最高效率界限。在相同的高、低温热源温度 T_1 与 T_2 之间工作的一切循环中，以卡诺循环的热效率为最高，称为卡诺定理。

卡诺循环具有极为重要的理论和实际意义。虽然完全按照卡诺循环工作的装置是难以实现的，但是卡诺循环给出了各种热机效率的极限值，指出了提高热机效率的方向。提高热机的效率，应努力提高高温热源的温度和降低低温热源的温度。低温热源通常是周围环境，降低环境的温度难度大、成本高。现代热电厂尽量提高水蒸气的温度，使用过热蒸汽推动汽轮机，正是基于这个道理。同时对实际循环可通过减少散热、漏气、摩擦等不可逆损耗，使循环尽量接近卡诺循环。

卡诺循环相关原理成为热机研究的理论依据，给出了热机效率的限制。同时促进了实际热力学过程的不可逆性及其间联系的研究，导致热力学第二定律的建立。还应指出，卡诺这种撇开具体装置和具体工质而进行抽象、普遍理论研究的方法，已经贯穿在整个热力学的研究之中。

第四节 溶 液 理 论

一、 吉布斯定律和溶液的相平衡

1. 吉布斯定律

美国人吉布斯（Josiah Willard Gibbs）于1875年提出在多元和多相体系中的平衡条件，对于研究溶液及其蒸气处于平衡时的状态具有重要作用。如果有 C 种物质混合成为

一个多元系统，并以 P 种不同的相存在，当达到平衡时需要几个独立参数来确定系统的状态。吉布斯在热力学第一定律和第二定律的基础上得出吉布斯定律，即在多元和多相系统中确定状态的自由度 F 为

$$F = C + 2 - P$$

式中　C——系统中的组元数；

$\quad\quad$ P——系统中的相数。

例如，在一元系统中如果液相与气相共存，即 $C=1$，$P=2$，则确定状态的自由度 F 仅为 1。即在压力和温度两个基本状态参数中只需要确定其中一个，系统的状态就可以确定。这就是饱和蒸汽的压力和温度的一一对应关系。当有两个组元和两相时，有 $C=2$ 和 $P=2$，此时确定状态的自由度数 F 为 2。如溴化锂溶液与水蒸气的混合系统，在三个基本状态参数压力、温度、浓度中，必须给定其中两个，才能完全确定系统的状态。

2. 溶液的相平衡

溶液与其蒸汽共存时，溶液蒸发与气体凝结的过程同时存在，当两者速度相同时，气相和液相处于相平衡状态，将此时的溶液称为平衡态，而状态参数的变化会影响液相和气相的动态平衡，使溶液可能处于发生态或吸收态。

如图 2-2 所示，如溴化锂溶液处于平衡态时，压力为 p_1，温度为 t_1，浓度为 ξ_1。如果将溶液的温度降低到 t_2，此时与温度 t_2 相平衡的浓度应为 $\xi_2 < \xi_1$，故在 t_2 下的溶液处于非平衡状态，具有吸收水分达到 ξ_2 浓度的趋势，这种状态称为吸收态；反之，如果溶液温度升高到 t_3，则浓度 $\xi_3 > \xi_1$，溶液中的水将会逸出，这种状态称为发生态。发生过程和吸收过程都是从一个平衡态向另一个平衡态过渡的过程。

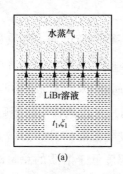 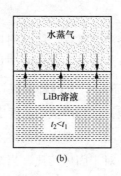 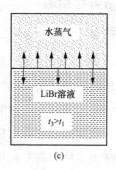

图 2-2　溴化锂溶液与蒸汽的相平衡

（a）平衡态；（b）吸收态；（c）发生态

二、 溶液分压定律——拉乌尔定律

拉乌尔定律给出了理想溶液的压力、温度和摩尔分数三者之间的关系，在一定温度下，理想溶液任一组分的蒸气分压，等于其纯组分的饱和蒸气压力乘以该组分在液相中的摩尔分数。对由组分 A 和 B 组成的二元溶液有

$$p_{C,A} = p_{P,A} x_A$$

$$p_{C,B} = p_{P,B} x_B$$

式中　$p_{C,A}$、$p_{C,B}$——组分 A、B 的蒸气分压；

　　　$p_{P,A}$、$p_{P,B}$——纯组分 A、B 的饱和蒸气压力；

　　　x_A、x_B——溶液中 A、B 组分的摩尔分数。

由此可得溶液的蒸汽总压为

$$p = p_{C,A} + p_{C,B} = p_{P,A} \cdot x_A + p_{P,B} \cdot x_B$$

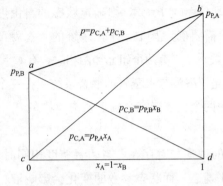

图 2-3　理想二元溶液的蒸气压力

可见，在温度不变的条件下，理想二元溶液的蒸汽压力与溶液中的摩尔分数呈线性关系。如图 2-3 所示，直线 cb 表示 A 组分的蒸气分压，直线 ad 表示 B 组分的蒸气分压，直线 ab 为蒸气总压力。

实际溶液与理想溶液存在一定的偏差，当溶液浓度很小时，更接近于理想溶液。对于溴化锂溶液，由于溴化锂的沸点比水高得多，因此，$p_{P,LiBr} \ll p_{P,H2O}$。工程中可以忽略溴化锂的分压力，认为气相中只有水蒸气，故其总压力可表示为

$$p = p_{P,LiBr} x_{LiBr} + p_{P,H_2O} x_{H_2O} \approx p_{P,H_2O} x_{H_2O}$$

式中　$p_{P,LiBr}$、p_{P,H_2O}——纯组分 LiBr、H_2O 的饱和蒸汽压力；

　　　x_{LiBr}、x_{H_2O}——溶液中 LiBr、H_2O 组分的摩尔分数。

三、 溶解与结晶

溶解是溶质与溶剂混合形成溶液的过程，结晶则是溶解的逆过程，溶质从溶剂中分离。溶剂中可以溶解的溶质总量是有限的，且溶解的总量随着温度不同而有所变化。某一温度下物质的溶解度用 100g 溶剂中所能溶解的该物质的最大质量来表示。溶质溶解到最大限度时的溶液称为饱和溶液。饱和溶液的浓度也可用来反映物质的溶解度。

温度对溶解度的大小有明显影响，一般固体的溶解度随温度的升高而增大，但气体的溶解度却随温度的升高而减小。对于固体溶质，当溶解度低于溶质的总量时，就会有溶质晶体析出，这种现象称为结晶。这时的溶液仍是饱和溶液。饱和溶液和晶体共存时处于动态平衡，晶体上溶质微粒不断进入溶液，溶液中的溶质微粒不断返回晶体，两者速度相等，这种状态称作溶解与结晶的平衡。

物质在溶解过程中，总是伴随着吸热或放热的现象。溴化锂溶解在水中时是放热过程。

如在 20℃时，100g 水最多溶解 35.9g 食盐。此时食盐的溶解度就是 35.9g，所得到的 135.9g 食盐水是饱和溶液，其浓度 26% 是 20℃时食盐水的饱和浓度。而溴化锂溶液在 20℃时饱和溶液的浓度为 63%，由此可计算出当水为 100g 时，其中溶解的溴化锂约为 170g。

第五节　溴化锂溶液物理特性

吸收式热泵中的循环工质，是由两种沸点不同的物质所组成的二元溶液，其中沸点低的组分用作制冷剂，沸点高的组分用作吸收剂。一般将吸收剂和制冷剂合称为"工质对"。吸收式热泵的工质对主要有溴化锂水溶液和氨水溶液。溴化锂吸收式热泵即为采用水和溴化锂水溶液形成工质对，水作为制冷剂，溴化锂水溶液作为吸收剂。用水作制冷剂有许多优点，如汽化潜热大、价廉、易得、不燃烧、不爆炸等；缺点是蒸发压力低、蒸汽比体积大，且用于制冷时只能制取 0℃以上的冷水。用溴化锂水溶液作吸收剂也有许多优点，如对人体和环境无害；溴化锂水溶液有很强的吸收水蒸气的能力；溴化锂的沸点高达 1265℃，在溶液沸腾时所产生的蒸汽中没有溴化锂成分，故不需设置精馏装置等。其缺点是对金属材料有腐蚀性，会出现结晶现象。因此，溴化锂水溶液是目前吸收式热泵中应用最广泛的工质对。

一、溴化锂溶液的物理性质

溴化锂是一种稳定的化合物，其化学性质与食盐大体类似，在大气中不变质、不挥发、不分解、极易溶解于水，常温下是无色粒状晶体。用作吸收式热泵工质对的溴化锂溶液，应符合 HG/T 2822《制冷机用溴化锂溶液》中规定的技术要求。

1. 溶解度

溴化锂极易溶于水，20℃时溴化锂的溶解度是食盐的 5 倍左右。对于溴化锂饱和水溶液，当温度降低时，由于溴化锂溶解度减小，溶液中多余的溴化锂就会与水结合成含有 1、2、3 或 5 个水分子的水合物晶体析出，形成结晶现象，如图 2-4 所示。如对含有溴化锂水合物晶体的溶液加热升温，若在某一温度下，溶液中的晶体全部溶解消失，这一温度即为该浓度下溴化锂溶液的结晶温度。各浓度下溴化锂溶液的结晶温度曲线如图 2-5 所示，该图包括了溴化锂吸收式热泵的工作范围。当溶液的状态点位于结晶曲线下方，即溶液温度低于结晶温度，溶液中就会有晶体析出。可见，溶液的溶解度曲线和结晶温度曲线实际上都显示了饱和溶液的浓度，只是将横坐标和纵坐标进行了交换。

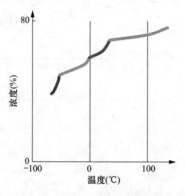

图 2-4　溴化锂在水中的溶解度

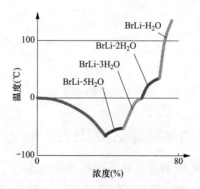

图 2-5　溴化锂水溶液的结晶温度

由图 2-5 可见，溴化锂溶液的浓度有变化时，结晶温度相差很大，当浓度在 65％以上时尤为突出。作为吸收式热泵的工质，溴化锂溶液应始终处于液体状态，无论运行或停机期间，都必须防止发生结晶，这一点在热泵设计和运行管理上都应当十分重视。

目前热泵厂家主要采用溴化锂溶液浓度在线监控、使溶液浓度远离结晶线、溶液泵循环量变频控制、发生器热源入口调节阀控制和断电保护，以及热泵停机自动稀释和热泵的临时停机防结晶保护等措施，预防溴化锂溶液结晶的发生。另外，热泵配套有自动融晶管，一旦运行过程中出现了溴化锂溶液结晶，能够起到快速融晶的作用。

2. 密度

单位体积溶液的质量即为溴化锂溶液的密度。溴化锂溶液的密度随温度、浓度有所变化，图 2-6 是溴化锂溶液的密度曲线。由图 2-6 可见，溴化锂溶液的密度比水大，随着浓度增大，其密度增大；随着温度的升高，其密度减小。在实际应用中，可通过测量溴化锂溶液的密度和温度，由图 2-6 中查得溶液的浓度，这比通过化学分析获取溶液的浓度要简便得多。在热泵中使用的溴化锂溶液浓度一般为 60％左右，室温下密度约为 $1700kg/m^3$。

3. 水蒸气分压

由于溴化锂的沸点远高于水的沸点，所以在与溴化锂溶液达到相平衡的气相中没有溴化锂，全部是水蒸气。因此，溴化锂溶液的蒸汽压力也被称作溴化锂溶液的水蒸气分压。溴化锂溶液的水蒸气分压曲线见图 2-7。

由图 2-7 可见，溴化锂溶液的水蒸气分压随着浓度的增大而降低，并远低于同温度下水的饱和蒸汽压力。例如，在 25℃时，浓度为 50％的溴化锂溶液的水蒸气分压仅为 0.86kPa，而相同温度下水的饱和蒸气压约为 3.2kPa。即只要水蒸气的压力大于 0.86kPa，如 0.93kPa（水的饱和温度为 6℃）就会被 25℃、50％的溴化锂溶液所吸收，即溴化锂溶液具有吸收比其温度低得多的水蒸气的能力。这种特性使溴化锂溶液具有很强的吸湿性，使其能够适合作为吸收式热泵的工质。

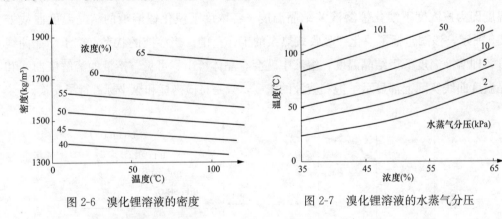

图 2-6 溴化锂溶液的密度   图 2-7 溴化锂溶液的水蒸气分压

二、 溴化锂溶液的腐蚀性

1. 溴化锂溶液对金属材料的腐蚀性

溴化锂溶液对金属的腐蚀性，比氯化钠（NaCl）、氯化钙（$CaCl_2$）等水溶液要小，但仍属一种较强的腐蚀介质，对碳钢、紫铜等金属材料，具有一定的腐蚀性。

影响溴化锂溶液对金属材料腐蚀程度的主要因素如下：

（1）溶液的浓度。常压下稀溶液中氧的溶解度比浓溶液大，随着溶液浓度减小，在氧的作用下腐蚀加剧。而低压下因氧含量极少，腐蚀率与溶液的浓度几乎无关。

（2）溶液的温度。在溶液中不含缓蚀剂时，碳钢、紫铜和镍铜的腐蚀率都随温度升高而增大。当温度低于165℃时，温度对腐蚀的影响不大；而当超过165℃时，无论是碳钢或紫铜，腐蚀都会急剧增大。

（3）溶液的碱度。溴化锂溶液的碱度一般可用 pH 值或氢氧化锂（LiOH）的当量浓度表示。pH 值小于 7 时，溶液呈酸性，对金属的腐蚀当然十分严重。当 pH 值处于 8.0～10.2 范围内时，随着碱度增大，碳钢和紫铜的腐蚀率减小。但碱度过大时腐蚀反而加剧。试验表明，碱度在 pH 值为 9.0～10.5 的范围内，对金属材料的缓蚀较为有利。

2. 腐蚀性对热泵性能的影响

溴化锂溶液对金属材料的腐蚀性，造成对热泵性能的影响主要表现在以下几点：

（1）由于对部件材料的腐蚀，直接影响热泵的使用寿命。

（2）腐蚀产生的氢气是热泵运行中不凝性气体的主要来源，而不凝性气体在热泵换热器内积聚，影响了吸收过程和冷凝过程的进行，导致热泵性能下降。因此，热泵都设置有抽气装置以排除不凝性气体。

（3）腐蚀形成的铁锈、铜锈等进入溶液循环，易造成喷嘴和屏蔽泵过滤器的堵塞。

因此，充分认识溴化锂溶液的腐蚀性进而提出防腐措施，对于热泵安全稳定运行至关重要。

3. 防止腐蚀的主要措施

根据溴化锂溶液对金属材料腐蚀机理分析，防止腐蚀最有效的方法是保持热泵内部极高真空，尽可能不让氧气侵入。国家标准规定真空泄漏量不大于 $10^{-6} \mathrm{Pa \cdot m^3/s}$，实际热泵目前可达 $10^{-10} \mathrm{Pa \cdot m^3/s}$，甚至更高。

为了保证热泵内部的高真空，首先，要求热泵的主要零部件具有良好密封性，例如溶液泵、冷剂泵等必须采用高密封的屏蔽泵，经过气密性检验合格才能使用。其次，热泵所有的部件在加工完成后，都经过严格的气密性检验，保证焊缝焊接质量。第三，热泵整机组装完成后，也需要对整机进行真空检漏，确保整机泄漏量在国家标准允许的范围内。在热泵运行过程中，及时抽出泄漏进热泵内部少量空气也能减少溴化锂溶液对金属材料的腐蚀。在热泵停机保养阶段，也需要定期利用真空泵抽出泄漏进热泵的空气。通过热泵制造、使用和保养过程中的一系列措施，就能够大幅度减少热泵内部存在的空气量，由于热泵内部存在的氧气量极低，所以溴化锂溶液对热泵金属材料的腐蚀也能得到有效的控制。

在溶液中添加各种缓蚀剂也可有效抑制其对金属的腐蚀。常见的缓蚀剂主要有铬酸盐、钼酸盐、硝酸盐以及锑、铅、砷的氧化物。另外，一些有机物，如苯并三氮唑 BTA

（$C_6H_4N_3H$）、甲苯三唑 TTA（$C_6H_3N_3HCH_3$）等也有良好的缓蚀效果。近年来也发展了一些新型的缓蚀剂。

采取完善的防腐措施之后，可以有效地延缓腐蚀。目前，热泵设备设计的使用寿命可以达到 20 年以上。

三、 溴化锂溶液的热力图表

溴化锂溶液的热力性质之间的关系一般以热力图表的形式给出。热力图表对溴化锂吸收式热泵的理论分析、设计计算以及运行性能评价都是必不可少的。两种主要热力图表是压力-温度图（p-t 图）和比焓-浓度图（h-ξ 图），在 p-t 图和 h-ξ 图中的任意点均表示溶液在该参数下的相平衡状态。

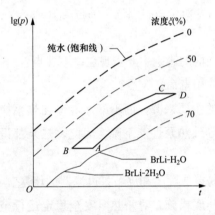

图 2-8　溴化锂溶液的 p-t 图

1. 溴化锂溶液的 p-t 图

图 2-8 示意性地给出溴化锂溶液的 p-t 图，纵坐标压力一般采用对数坐标表示。它是根据不同浓度下溴化锂溶液的水蒸气分压随温度变化的关系绘制的。在 p-t 图上有温度、浓度和水蒸气分压 3 个状态参数，知道其中任意两个，便可通过 p-t 图确定另外一个。图 2-8 中的上边界浓度 $\xi=0$ 的曲线，即为纯水的饱和压力和饱和温度关系线，下边界为溴化锂溶液的结晶温度曲线。

除了可以用来计算状态参数外，p-t 图还可用来表示溴化锂溶液热力状态的变化过程，进而表示吸收式热泵工作循环过程。如图 2-8 中的 $ABCD$ 就表示了最基本的溴化锂吸收式热泵中溶液的工作循环，循环由以下过程组成：

（1）吸收过程：从 A 点到 B 点。A 点状态代表温度 60℃、浓度 63％的溴化锂溶液，压力为 1.59kPa。溶液等压冷却，随着温度下降，溶液的水蒸气分压降低，具有吸收水蒸气的能力，不断吸收水蒸气，浓度也随着降低。当温度降低到 53℃时，溶液的浓度为 60％，达到状态 B 点。浓溶液吸收水蒸气变为稀溶液，同时放出热量加热热网水。

（2）压缩过程：从 B 点到 C 点。稀溶液经过溶液泵加压，保持浓度不变，压力和温度同时升高。

（3）发生过程：从 C 点到 D 点。溶液在 9.3kPa 的压力下等压加热。随着温度的升高，溶液中的水分被蒸发出来，溴化锂的浓度不断增大。当温度升至 96℃时，达到状态点 D，此时浓度为 63％。稀溶液被驱动热源加热放出水蒸气，变为浓溶液。

（4）膨胀过程：从 D 点返回 A 点。浓溶液经节流膨胀，保持浓度不变，降低压力温度。

溴化锂溶液的 p-t 图虽然可以表示溶液的热力状态变化，但是由于不能反映比焓的变化，因而无法用来进行热力计算。在进行热泵循环的热力计算时，使用更多的是溴化锂溶液的比焓-浓度图，即 h-ξ 图。

2. 溴化锂溶液的 h-ξ 图

图 2-9 示意性地给出溴化锂溶液的 h-ξ 图，纵坐标为比焓 h，横坐标为浓度 ξ。h-ξ 图提供了溴化锂溶液的水蒸气分压、温度、浓度和比焓之间的关系。利用图 2-9 既可以计算溶液状态参数，也可以表示出溶液的热力过程。h-ξ 图是对溴化锂吸收式循环过程进行理论分析、热工计算和运行特性分析的主要图表。

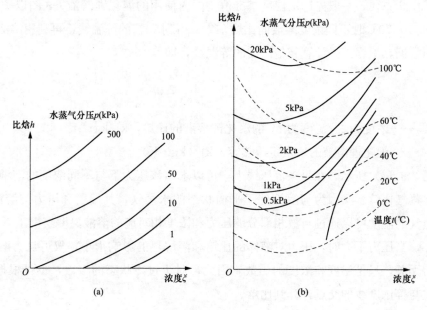

图 2-9 溴化锂溶液的 h-ξ 图

(a) 气相图；(b) 液相图

图 2-9（a）为气相区，由于气相中只有水蒸气的组分，横坐标上的浓度表示与水蒸气处于相平衡的溶液的浓度，而非表示气相中溴化锂的含量。图 2-9（b）为液相区，由等温线和等压线组成网格。

溶液的比焓可以根据固体溴化锂的比焓、水的比焓及溶解时的积分溶解热，由下式求得

$$h = h_{LiBr}\xi + h_{H_2O}(1-\xi) - q$$

式中　h_{LiBr}、h_{H_2O}——LiBr、H_2O 的比焓；

$\quad\quad\quad\xi$——溶液的浓度，%；

$\quad\quad\quad q$——溴化锂在水中溶解时的积分溶解热，q 前取负号是因为溴化锂溶解于水是放热过程。

国内使用的溴化锂性质图表假定溴化锂和水在温度为 0℃时的比焓均为 418.6kJ/kg，在不同温度下由下式求得比焓，即

$$h_{LiBr} = \int_0^t c_{p,LiBr}\,dt + 418.6$$

$$h_{H_2O} = \int_0^t c_{p,H_2O}\,dt + 418.6$$

式中 t——温度，℃；

$c_{p,LiBr}$、c_{p,H_2O}——LiBr、H_2O 的定压比热，kJ/(kg·K)。

再利用实验所得的溴化锂在水中的溶解热数据，便可计算某一温度时，不同浓度溶液的比焓，从而得到液相部分的各条等温线。有了等温线，则可根据溴化锂溶液的水蒸气分压作出各条等压线。

为了作图方便，一般先选定温度基准值。国内使用的溴化锂溶液 h-ξ 图以 70℃为基准值，即求出 70℃时不同浓度溶液的比焓 $h_{\xi}^{70℃}$。得到 70℃的等温线，再利用溶液的质量定压热容数据，根据下式计算其他温度的等温线，即

$$h_{\xi}^{t℃} = h_{\xi}^{70℃} + \int_{70℃}^{t℃} c_p \, \mathrm{d}t$$

式中 $h_{\xi}^{t℃}$——浓度为 ξ、温度为 t℃的溴化锂溶液的比焓，kJ/kg；

   c_p——溴化锂溶液的质量定压热容，kJ/(kg·K)。

如图 2-9（a）所示，在每条等压线上，可以求出该压力下与不同浓度的溶液处于相平衡的水蒸气比焓。又因为与溶液处于平衡状态的水蒸气，其温度和压力与溶液相同，所以水蒸气的温度可以通过与液相部分的压力和浓度相对应的溶液温度获得。

此外，当压力不大时，压力对液体的比焓和溶解热的影响很小，故可认为溶液的比焓与压力无关，只是温度和浓度的函数。因此，对于过冷状态的溶液，也可根据 h-ξ 图上等温线与等浓度线的交点计算其比焓。

图 2-9 所示的 h-ξ 图，根据计算分析，由溶液浓度、溶解热、温度、水蒸气分压的测量误差而引起的相对误差，最大值不超过 0.35%。完全可以满足工程计算的要求。

需要指出的是，h-ξ 图上的等压线反映的是一定温度和浓度的溶液所具有的水蒸气分压，而不是溶液的压力。只有在处于相平衡时，溶液的压力才等于其水蒸气分压。

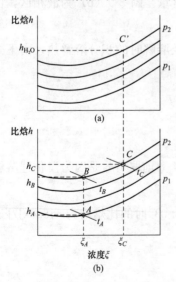

图 2-10 溴化锂溶液 h-ξ 图的应用

（a）气相图；（b）液相图

例如，图 2-10 中，已知一平衡状态下的溴化锂溶液，其水蒸气分压为 p_1，温度为 t_A，图中为对应等压线与等温线的交点。由图 2-10 可查得 A 点的比焓 h_A 与浓度 ξ_A。如果溶液的压力也等于 p_1，则溶液处于相平衡状态，溶液流出吸收器时即为此状态。若溶液的温度和浓度保持不变，而压力由 p_1 提高到 p_2，此时在 h-ξ 图上仍为 A 点，此时溶液处于过冷状态，一般称为过冷溶液。由此可见，因为压力对溶液比焓的影响很小，可以忽略，液相区中的点也可以表示处于过冷状态的溶液。如果再对 A 点的过冷溶液加热，随着温度升高，溶液的水蒸气分压也升高。当水蒸气分压低于溶液压力 p_2 时，溶液中的水不会蒸发，溶液浓度不变。当水蒸气分压达到 p_2 时，溶液重新达到相

平衡状态，由 ξ_A 等浓度线与 p_2 等压线的交点 B，可得溶液温度为 t_B，比焓为 h_B。溶液在发生器中，开始沸腾时即处于这一状态。

根据热力学第一定律，外界加入的热量等于溶液比焓值的增加，对于 1kg 溶液的状态从点 A 变化到点 B，需要加入热量 $q=h_B-h_A$。

如果对点 B 状态的溶液在压力 p_2 下继续等压加热，则水将从溶液中蒸发出来，溶液浓度增大，温度升高。当浓度达到 ξ_C 时，由 p_2 等压线与 ξ_C 等浓度线的交点 C 可得到溶液的温度 t_C，比焓 h_C。这一状态即为溶液离开发生器的状态。由等浓度线 ξ_C 与 p_2 汽相等压辅助线形成的交点 C'，即为 C 对应的水蒸气状态点，其比焓为 h_{H_2O}。显然，此时水蒸气处于过热状态。

需要说明的是，从热力学中可知，比焓的绝对值是无法确定的，在应用中只需要确定比焓的变化值，为方便使用一般需要约定比焓计算的基准。国内传统的溴化锂溶液 h-ξ 图是根据复旦大学在 20 世纪 60 年代所进行的测试数据绘制的。国外则是采用美国暖气和空调工程师学会 ASHRAE（American Society of Heating, Refrigerating and Air-Conditioning Engineers）采纳并发布的 McNeely 对溴化锂溶液物性的研究成果。由于两者对比焓采用了不同的基准，所以在使用中需要进行转换。

热泵的原理和应用

热泵是一种通过电能或高温热源做功，将低温热源的热量向中温热源转移的设备，根据原理不同可分为压缩式和吸收式两大类，每一类又可以分成不同产品系列。

本章内容旨在介绍压缩式热泵和吸收式热泵的基本原理，以及热泵的分类，从而了解不同热泵所适用的条件，以及不同类型热泵的应用领域。

第一节　热泵基本原理和分类

一、热泵的基本原理

热泵是一种能将空气、水、土壤或生产工艺循环水、污水、工业余热中的低品位（低温）热源，通过电能或高品位（高温）热能转换成为中品位（中温）采暖热水或工艺用热的设备，是近年来在各国倍受关注的节能设备。热泵能流示意图如图 3-1 所示。

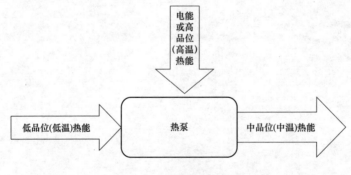

图 3-1　热泵能流示意图

二、热泵的分类

根据基本原理不同，热泵可以分为压缩式热泵和吸收式热泵。

1. 压缩式热泵

压缩式热泵是利用制冷剂液体在低压环境下蒸发气化，吸收低温热源热量；气化的制冷剂气体进入压缩机，通过压缩机提高压力，制冷剂气体在高压环境下冷凝放热，加热采暖所需要的热水，如此不断往复循环，实现热能从低温热源向中温热源转移。

2. 吸收式热泵

吸收式热泵是利用制冷剂液体在低压环境下蒸发气化，吸收低温热源热量；高浓度吸收剂液体吸收气态制冷剂，吸收剂浓度降低并放热，加热热水；低浓度吸收剂被高温热源加热释放出制冷剂气体，吸收剂浓度升高，制冷剂气体冷凝再次加热采暖所需要的热水，实现热能从低温热源向中温热源转移。

由于吸收式热泵具有热水升温幅度大、单台设备制热量大、可利用热电联产机组抽汽等高温热源，回收电厂冷却塔循环水等低温热源的特点，本书重点介绍吸收式热泵在热电联产供热领域的应用。

第二节 压 缩 式 热 泵

一、压缩式热泵的原理

压缩式热泵一般由 4 部分组成：蒸发器、冷凝器、压缩机和节流元件。其工作过程为低温低压的液态制冷剂在蒸发器内蒸发吸热，从低温热源中吸收热量，产生的制冷剂气体经过压缩机提高温度和压力；高温高压的制冷剂气体在冷凝器内冷凝放热加热中温热水，凝结后的制冷剂液体经节流降压后返回到蒸发器，如此往复循环。

压缩式热泵的原理如图 3-2 所示。

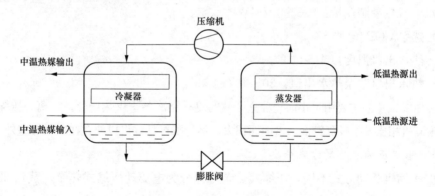

图 3-2 压缩式热泵的原理

二、压缩式热泵的分类和应用

（一）根据压缩机类型分类

根据压缩机类型不同，压缩式热泵可以分为以下几种。

1. 离心压缩式热泵

利用离心压缩机热泵称为离心压缩式热泵，一般采用 R134a 作为制冷剂。

离心压缩式热泵的特点：

（1）单台热泵制热量：2~10MW。

（2）热泵 COP 值：4～6。

（3）热水出口温度：60～80℃。

（4）热水出口和余热水出口温差：30～50℃。

离心压缩式热泵主要用于较大供热负荷需求的余热回收供热场合。离心压缩式热泵需要消耗大量的电能，在电厂使用，厂用电率增加较大；另外，大型离心压缩机需要进口，设备投资较高。

2. 螺杆压缩式热泵

利用螺杆压缩机热泵称为螺杆压缩式热泵，一般采用 R134a 制冷剂。

螺杆压缩式热泵的特点：

（1）单台热泵制热量：0.5～2MW。

（2）热泵 COP 值：3～5。

（3）热水出口温度：50～60℃。

（4）热水出口和余热水出口温差：30～40℃。

螺杆压缩式热泵主要用于独立建筑的夏季制冷、冬季供热场合。与离心压缩式热泵相比设备投资较低，占地面积较大，可以采用多台压缩机并联组合，运行灵活。

3. 涡旋压缩式热泵

利用涡旋压缩机热泵称为涡旋压缩式热泵，一般采用 R407C 制冷剂。

涡旋压缩式热泵的特点：

（1）单台热泵制热量：0.3～0.7MW。

（2）热泵 COP 值：3～4。

（3）热水出口温度：50～60℃。

（4）热水出口和余热水出口：30～40℃。

涡旋压缩式热泵主要用于小面积独立区域的夏季制冷冬季供热场合。与离心压缩式热泵和螺杆压缩机相比设备投资较低，占地面积大，运行噪声低，可以放置在屋顶等室外场所。

（二）根据压缩机驱动方式分类

根据压缩机驱动方式不同，压缩式热泵可以分为电驱动压缩式热泵、蒸汽驱动压缩式热泵和燃气驱动压缩式热泵。

1. 电驱动压缩式热泵

电驱动压缩式热泵是以电力为动力驱动压缩机。电驱动压缩式热泵的原理如图 3-3 所示。

电驱动压缩式热泵可以使用在具备用电容量的余热回收供热场合，当供热负荷较大时，热泵用电量也较大，需要较大容量的配电设施。大型电驱动压缩式热泵一般采用高压电动机。

2. 蒸汽驱动压缩式热泵

蒸汽驱动压缩式热泵是以蒸汽为动力通过汽轮机驱动压缩式热泵，类似于电厂利用给水泵汽轮机驱动的给水泵，蒸汽驱动压缩式热泵的原理如图 3-4 所示。

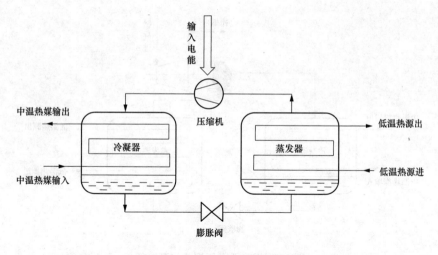

图 3-3 电驱动压缩式热泵的原理

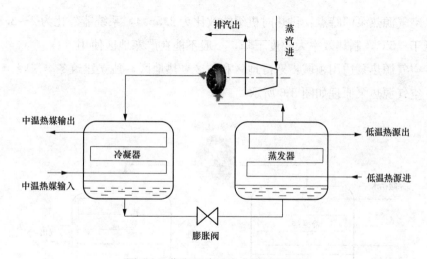

图 3-4 蒸汽驱动压缩式热泵原理图

蒸汽驱动压缩式热泵适用于具有驱动蒸汽的余热回收供热场合，与电驱动压缩式热泵相比，无需大容量配电设施，但需要有 1.0MPa 以上的过热蒸汽，排汽可以直接作为热网加热器热源，驱动的压缩机一般为离心式压缩机。

3. 燃气驱动压缩式热泵

燃气驱动压缩式热泵是以燃气燃烧产生的动力通过燃气轮机驱动压缩式热泵，燃气驱动压缩式热泵的原理如图 3-5 所示。

燃气驱动压缩式热泵适用于具有天然气等可燃性气体的余热回收供热场合，与电驱动压缩式热泵相比，无需大容量配电设施，但需要有足够的气源，燃气轮机排烟可以深度利用，驱动的压缩机一般为离心式压缩机。

（三）根据余热条件分类

根据余热条件不同，压缩式热泵可以分为以下几种。

1. 空气源热泵

空气源热泵是利用热泵机组吸收空气中的热量，通过压缩机升温升压后向建筑物供热。

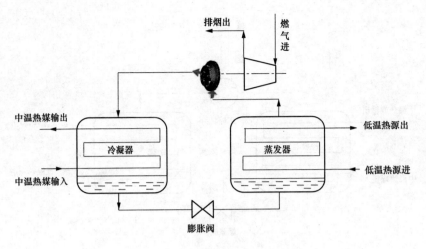

图 3-5 燃气驱动压缩式热泵原理

（1）空气源热泵的特点：供热时机组能效比为 $2.5\sim4$，系统能效比为 $2\sim3.5$。在环境温度低于 $-5℃$，制热效率大幅度下降，一般不能在严寒地区使用。

（2）空气源热泵适用领域：寒冷地区和冬冷夏热地区，独立建筑冬季采暖。

（3）空气源热泵原理如图 3-6 所示。

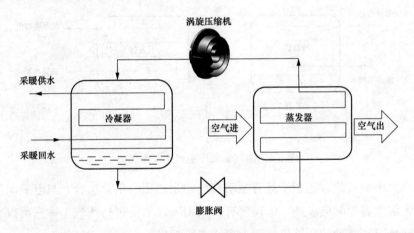

图 3-6 空气源热泵原理

2. 地源热泵

地源热泵是利用热泵机组吸收土壤中的热量，通过压缩机升温升压后向建筑物供热。

（1）地源热泵的特点：供热时机组能效比为 $4\sim5$，系统能效比为 $3\sim4.2$，可实现冬季热泵供热、夏季提供空调冷水，制冷能效比高于传统中央空调制冷设备，需要打井埋管，投资略高。

（2）地源热泵适用领域：寒冷和冬冷夏热地区，有较大空地的冬季采暖和夏季制冷场合。

（3）地源热泵原理如图 3-7 所示。

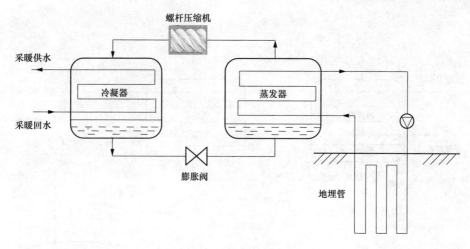

图 3-7 地源热泵原理

3. 水源热泵

水源热泵的低温水源包括地下水、地表水、城市中水或者工艺循环水、工艺污水等，水源热泵是利用热泵机组吸收这些低温水源的热量，经压缩机升温升压后向建筑供热，地下水需要回灌地下。

（1）水源热泵的特点：供热时机组能效比为4~5.5，系统能效比为3~4.5，可实现冬季热泵供热、夏季提供空调冷水，夏季制冷能效比高于传统中央空调制冷设备，地下水水源热泵对地下水资源要求较高，部分地区回灌困难。

（2）水源热泵适用领域：寒冷和冬冷夏热地区，有地下水、地表水、城市中水或者工艺循环水、工艺污水的冬季采暖和夏季制冷场合。地表水、城市中水和工艺污水进热泵前，需要进行预处理，以避免换热堵塞。

（3）利用地下水的水源热泵原理如图3-8所示。

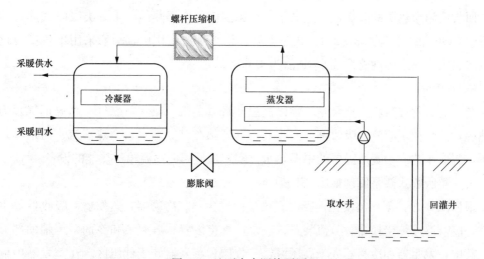

图 3-8 地下水水源热泵原理

（4）利用地表水的水源热泵原理如图3-9所示。

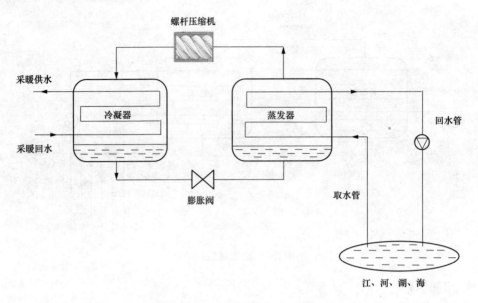

图 3-9　地表水水源热泵原理

第三节　吸 收 式 热 泵

目前常用的吸收式热泵是以溴化锂水溶液为吸收剂的溴化锂吸收式热泵，本文所提到的吸收式热泵均指溴化锂吸收式热泵。根据内部流程和使用用途不同，溴化锂吸收式热泵又分为第一类溴化锂吸收式热泵和第二类溴化锂吸收式热泵。

一、　第一类溴化锂吸收式热泵

第一类溴化锂吸收式热泵也称增热型热泵。以增加热量为目的，利用部分高温热源，回收低温余热源的热量，产生高于余热源温度的中温热能。第一类吸收式热泵的性能系数 COP 值一般为 1.3~2.4，在热电联产供热系统应用中，一般采用单效型溴化锂吸收式热泵，热泵的性能系统 COP 值为 1.65~1.8。

（一）原理

第一类溴化锂吸收式热泵是一种以高温热源（蒸汽、热水、燃气、高温烟气）为驱动热源，溴化锂水溶液为吸收剂，回收利用低温热源（循环水、余热蒸汽、污水等）的热量，制取工艺或采暖所需要的中温热水，实现从低温向高温输送热能的设备。

第一类吸收式热泵原理如图 3-10 所示。

根据图 3-10，第一类溴化锂吸收式热泵由发生器、冷凝器、蒸发器、吸收器等主要部件，以及溶液热交换器、节流装置、热泵抽真空装置、溶液泵和冷剂泵等辅助部分组成。其中，发生器和冷凝器处于高压区，吸收器和蒸发器处于低压区。在蒸发器中输入低温热源，发生器中输入驱动热源，从吸收器和冷凝器中输出中温热水。

第一类吸收式热泵主要部件及辅助部件结构和运行原理如下：

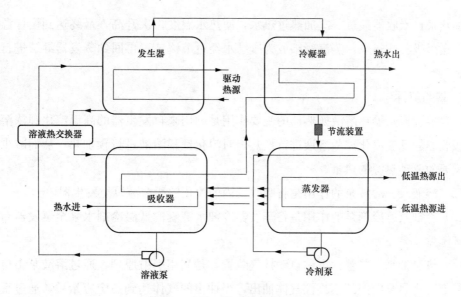

图 3-10　第一类吸收式热泵原理

1. 主要部件

（1）蒸发器：吸收式热泵的蒸发器是一个真空容器，在运行过程中内部始终处于真空状态，蒸发器内有大量水平布置的换热管，外部系统的低温热源水进入蒸发器后在换热管内进行流动；换热管外是真空环境，水在真空环境下沸点会降低，当来自冷凝器的二次蒸汽凝水（冷剂水）淋滴在蒸发器换热管的外表面时，冷剂水达到其沸点，就会汽化，形成冷剂蒸汽。冷剂水在蒸发汽化的过程中，吸收了换热管内部流动的低温热源的热量，使低温热源温度降低，而换热管外因吸收热量而汽化的冷剂蒸汽则通过挡液板进入吸收器，蒸发器内冷剂水完成了从低温热源中提取余热量的过程。

（2）吸收器：吸收器与蒸发器在同一个密闭容器中，中间通过挡液板隔开，挡液板的用途是保证冷剂蒸汽进入吸收器，阻止溶液进入蒸发器。吸收器内有大量水平布置的换热管，在吸收器换热管的外表面，来自蒸发器的低压冷剂蒸汽，被来自发生器的溴化锂浓溶液吸收，冷剂蒸汽在吸收冷凝过程中放出热量使溴化锂溶液温度升高；升温的溴化锂溶液淋滴在吸收器换热管外表面，加热换热管内需要被加热的热水。溴化锂浓溶液不断地吸收冷剂蒸汽，溶液浓度会不断变稀，直至成为不再具有吸水性的稀溶液，再通过溶液泵加压送至发生器进行加热浓缩。吸收器内溴化锂浓溶液和冷剂蒸汽实现了低温热源水的热量向被加热热水转移的过程。

（3）发生器：发生器是管壳式结构的换热器，来自外部系统的驱动热源进入发生器换热管内，在换热管内进行冷凝或者放热，加热换热管外部来自吸收器的溴化锂稀溶液，溶液温度升高达到沸点，溴化锂稀溶液中的水形成水蒸气从溶液中分离出来，这些水蒸气（二次蒸汽）通过汽液分离后进入冷凝器，分离出水蒸气浓度升高后的溴化锂溶液通过管道被送入吸收器内，继续在换热管表面吸收蒸发器产生的水蒸气，加热热水。

（4）冷凝器：来自发生器的二次蒸汽在冷凝器换热管外表面冷凝成水放出大量的

热，加热来自吸收器经过一次加热过热水，使热水温度再次升高，最终达到设计温度的热水，送出吸收式热泵，蒸汽凝结成为凝结水经过节流装置再回到蒸发器继续进行循环蒸发。

2. 辅助部件

（1）溶液换热器：溶液换热器的主要作用是利用来自发生器的高温溴化锂浓溶液与来自吸收器的低温溴化锂稀溶液进行换热，对溴化锂稀溶液进行预加热，从而减少发生器所需要的驱动热源的热量。

（2）溶液泵：溶液泵的作用是将吸收器内的溴化锂稀溶液泵至发生器内。

（3）冷剂泵：冷剂泵的作用是将蒸发器冷剂水液囊的低温冷剂水泵至蒸发器布液装置循环蒸发。

（4）热泵抽真空装置：也称自动抽气装置，是利用引射原理，通过溶液泵出口分流的一路溶液将热泵内部的不凝性气体抽出，当抽出的气体达到一定容量后，通过真空泵自动排出。抽真空装置可以抽出热泵内的不凝性气体，并保持热泵内一直处于高真空状态。

3. 溴化锂溶液

溴化锂由碱金属元素锂（Li）和卤族元素溴（Br）两种元素组成，是一种稳定的盐类物质，在大气中不变质、不挥发、不分解、极易溶解于水，其主要物理参数如下：

（1）化学式：LiBr。

（2）相对分子质量：86.856。

（3）成分：Li 为 7.99%，Br 为 92.01%。

（4）密度：3.464kg/m² (25℃)。

（5）熔点：549℃。

（6）沸点：1265℃。

溴化锂溶液是无色透明溶液，无毒，入口有咸苦味。

溴化锂水溶液的水蒸气分压力非常小，即吸湿性非常好。浓度越高，水蒸气分压力越小，吸收水蒸气的能力就越强。

溴化锂溶液对金属有腐蚀性，需在设计时特殊考虑。纯溴化锂水溶液的 pH 值大体是中性，吸收式热泵中使用的溶液考虑到腐蚀因素已调整为碱性，并在处理为碱性的基础上再添加特殊的腐蚀抑制剂（缓蚀剂）。常用的缓蚀剂有铬酸锂和钼酸锂。添加铬酸锂缓蚀剂后呈微黄色，添加钼酸锂缓蚀剂后仍是无色透明的液体。

用作溴化锂吸收式机组工质对的溴化锂溶液，应符合《制冷机组用溴化锂溶液》（HG/T 2832—2005）中对溴化锂溶液所规定的技术要求。

（二）分类和应用

1. 按驱动热源分类

根据驱动热源的类型不同，溴化锂吸收式热泵可以分为以下几种。

（1）蒸汽驱动型溴化锂吸收式热泵。蒸汽驱动型吸收式热泵主要利用 0.1～0.9MPa 的蒸汽作为驱动热源，蒸汽在发生器内冷凝成蒸汽疏水，放出的热量加热进入发生器的溴化锂稀溶液，溴化锂稀溶液浓缩后再回到吸收器加热热水。

蒸汽驱动型溴化锂吸收式热泵的特点如下：

1）热泵制热量：5～100MW（单台）。

2）蒸汽驱动型热泵 COP 值：1.3～2.5。

3）驱动蒸汽压力范围：0.1～0.9MPa。

4）热水出口温度范围：50～95℃。

5）热水出口和余热水出口温差：30～70℃。

蒸汽驱动型吸收式热泵主要用于具有蒸汽条件的余热回收场合。热电厂具有驱动蒸汽条件和余热条件，非常适合采用蒸汽驱动型吸收式热泵。目前国内已经有近 80 余家电厂采用蒸汽驱动型吸收式热泵，并取得了较好的经济和社会效益。

（2）热水驱动型溴化锂吸收式热泵。热水驱动型吸收式热泵主要利用 90℃以上的热水作为驱动热源，利用热水在发生器中降温过程中放出热量，加热进入发生器的溴化锂稀溶液，溴化锂稀溶液浓缩后再回到吸收器加热热水。

热水驱动型溴化锂吸收式热泵的特点如下：

1）热泵制热量：1～50MW（单台）。

2）热水驱动型热泵 COP 值：1.7～1.8。

3）驱动热水进口温度范围：90～130℃。

4）热水出口温度范围：50～70℃。

5）热水出口和余热水出口温差：30～60℃。

热水驱动型吸收式热泵主要用于具有中高温热水条件的余热回收场合。供热系统的隔压换热站或热力站可利用来自热电厂的一次网作为驱动热源，直接或间接降低一次网回水温度，就属于热水驱动型吸收式热泵。目前，国内已经有十余家供热公司，在隔压换热站和热力站使用了数百台热水驱动型吸收式热泵。

（3）燃气驱动型溴化锂吸收式热泵。燃气驱动型吸收式热泵主要利用天然气等可燃气体作为驱动热源，利用可燃气体的燃烧放出的热量，加热进入发生器的溴化锂稀溶液，溴化锂稀溶液浓缩后再回到吸收器加热热水。

燃气驱动型溴化锂吸收式热泵的特点如下：

1）燃气驱动型热泵 COP 值：1.6～2.4。

2）热水出口温度范围：50～95℃。

3）热水出口和余热水出口温差：30～70℃。

燃气驱动型吸收式热泵主要用于不具有蒸汽或中高温热水条件，但有天然气等可燃气体的余热回收场合。例如，燃气锅炉或燃气-蒸汽联合循环电厂采用天然气作为驱动热源的燃气驱动型吸收式热泵回收锅炉烟气尾气余热。目前，国内已经有多家燃气发电企业和供热企业，利用燃气驱动型吸收式热泵回收锅炉烟气尾气余热。

（4）烟气驱动型溴化锂吸收式热泵。烟气驱动型吸收式热泵主要利用250℃以上的高温烟气作为驱动热源，利用烟气降温过程中放出的热量，加热进入发生器的溴化锂稀溶液，溴化锂稀溶液浓缩后再回到吸收器加热热水。

烟气驱动型溴化锂吸收式热泵的特点如下：

1）驱动烟气温度范围：250℃以上。

2）烟气驱动型热泵COP值：1.7～2.45。

3）热水出口温度范围：50～95℃。

4）热水出口和余热水出口温差：30～70℃。

烟气驱动型吸收式热泵主要用于具有高温烟气条件的余热回收场合。例如，分布式能源系统中，利用燃气轮机或内燃气排放的高温烟气作为驱动热源，回收烟气尾气余热或其他余热，采用烟气驱动型吸收式热泵。目前，国内已经有多个分布式能源项目，使用烟气驱动型吸收式热泵/制冷设备。

（5）复合热源驱动型溴化锂吸收式热泵。复合热源驱动型溴化锂吸收式热泵是指利用蒸汽、热水、烟气或燃气等多种能源作为驱动热源，利用多种能源冷凝或降温过程中放出的热量，加热进入发生器的溴化锂稀溶液，溴化锂稀溶液浓缩后再回到吸收器加热热水。

复合热源驱动型吸收式热泵的特点如下：

1）烟气驱动型热泵COP值：1.65～2.5。

2）热水出口温度范围：50～95℃。

3）热水出口和余热水出口温差：30～70℃。

复合热源驱动型吸收式热泵主要用于同时具备多种驱动热源条件的余热回收场合。例如，分布式能源系统中，内燃机排放高温烟气的同时还产生用于冷却内燃机的中温缸套水，可同时利用高温烟气、中温热水以及天然气补燃等多种能源作为驱动热源，回收烟气尾气余热或其他余热。目前，国内已经有多个分布式能源项目，使用复合热源驱动型吸收式热泵和制冷设备。

2. 按余热热源分类

根据余热源的类型不同，吸收式热泵可以分为以下几种。

（1）循环水余热型吸收式热泵。循环水余热型吸收式热泵主要利用含有余热的低温循环水作为余热热源，在蒸发器换热管内循环余热水热量被管外的低温冷剂水获得，循环水温度降低后离开热泵。

循环水余热型吸收式热泵主要用于余热循环水形式存在的余热回收场合。例如，湿冷机组和间接空冷机组，利用循环水对低压缸排汽进行冷凝，热泵回收循环水的余热。目前，国内已经有70多家使用湿冷机组的电厂采用循环水余热型吸收式热泵回收余热提供城市集中供热。

（2）蒸汽余热型吸收式热泵。蒸汽余热型吸收式热泵主要利用汽轮机低压缸排汽作为余热热源，在蒸发器换热管内乏汽冷凝产生的热量被管外的低温冷剂水获得，蒸汽冷凝成凝结水后送回机组。

蒸汽余热型吸收式热泵主要用于便于直接利用低压缸排汽余热回收场合。例如，直接空冷机组或现场条件合适的湿冷机组，将低压蒸汽直接通过真空管道引至吸收式热泵，热泵回收乏汽冷凝余热后变成凝水送回机组。目前，国内已经有 20 多台使用空冷机组的电厂采用乏汽余热型吸收式热泵回收余热提供城市集中供热。

（3）污水余热型吸收式热泵。污水余热型吸收式热泵主要利用城市污水或者工业污水作为余热热源，在蒸发器换热管内污水的热量被管外的低温冷剂水获得，污水温度降低后送出热泵。

污水余热型吸收式热泵主要用于需要回收利用污水余热提供回收场合。例如，污水厂附近或具备污水条件的供热项目，将污水通过管道送至吸收式热泵，热泵回收污水余热后，降温后的污水送回污水管道或污水池中。目前，国内已经有十余家供热企业，利用污水余热型吸收式热泵提供建筑物冬季采暖供热。

（4）地热尾水余热型吸收式热泵。地热尾水余热型吸收式热泵主要利用地热水换热利用后的尾水作为余热热源，在蒸发器换热管内地热尾水的热量被管外的低温冷剂水获得，尾水温度降低后送出热泵。

地热尾水余热型吸收式热泵主要用于有利用地热水的余热回收场合。例如，采用中层地热水用于换热供热，换热后地热水温度降低不能再用于供热，可以通过吸收式热泵回收地热尾水的热量用于采暖供热，将地热尾水温度降低后再回灌地下。目前，国内已经有十余个供热项目，利用地热尾水余热型吸收式热泵提供冬季采暖供热。

（5）锅炉烟气余热型吸收式热泵。锅炉烟气余热型吸收式热泵主要利用大型燃气供热锅炉、燃气-蒸汽联合循环电厂或燃煤锅炉净化处理后的烟气余热作为余热源，通过直接或者间接方式利用热泵蒸发器回收利用烟气中的余热，将烟气温度降低后排放。

锅炉烟气余热型吸收式热泵主要用于大型燃气供热锅炉、燃气-蒸汽联合循环电厂或燃煤锅炉烟气余热回收场合。例如，目前国内已经大量应用的燃气锅炉烟气余热回收供热项目，以及少量燃气-蒸汽联合循环电厂余热锅炉烟气余热利用项目和燃煤锅炉烟气余热回收供热项目。

3. 按结构和能效比分类

根据热泵的结构和能效比不同，吸收式热泵可以分为以下几种。

（1）单效型溴化锂吸收式热泵。单效型溴化锂吸收式热泵由一套发生器、冷凝器、蒸发器和吸收器组成。单效型第一类吸收式热泵原理如图 3-11 所示。

蒸汽单效型溴化锂吸收式热泵的特点如下：

1）热泵 COP 值范围：1.6～1.8。

2）驱动蒸汽压力范围：0.1～0.9MPa。

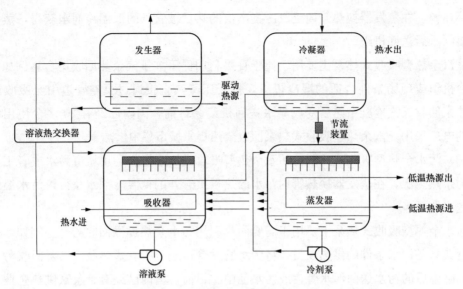

图 3-11　单效型第一类吸收式热泵原理

3）热水出口温度范围：50～95℃。

4）热水出口和余热水出口温差：30～60℃。

蒸汽单效型溴化锂吸收式热泵是目前应用范围最广的吸收式热泵类型，由于热水出口和余热水进口温差大，对蒸汽压力适应范围广，95%以上的热电联产电厂循环水和排汽余热回收项目均采用蒸汽单效型溴化锂吸收式热泵。

（2）双效型溴化锂吸收式热泵。双效型溴化锂吸收式热泵与单效型溴化锂吸收水热泵相比，增加一个高压发生器。高压发生器利用驱动热源加热溴化锂稀溶液产生二次蒸汽，该二次蒸汽进入低压发生器换热管内，作为低压发生器的驱动热源，再次浓缩溴化锂溶液，低压发生器产生的冷剂蒸汽进入冷凝器加热热水。由于溴化锂溶液被两次利用，驱动热源的耗量减少 40%，热泵 COP 值提高 40%。蒸汽双效型第一类吸收式热泵原理如图 3-12 所示。

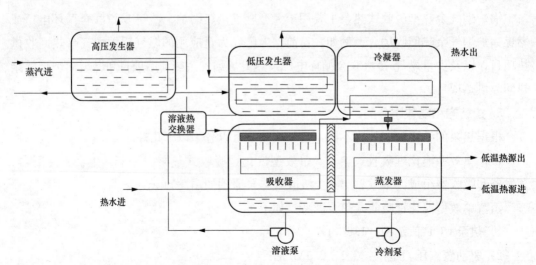

图 3-12　蒸汽双效型第一类吸收式热泵原理

蒸汽双效型溴化锂吸收式热泵的特点如下：

1）热泵 COP 值范围：2.3～2.5。

2）驱动蒸汽压力范围：0.6～0.9MPa。

3）热水出口温度范围：50～60℃。

4）热水出口和余热水出口温差：20～30℃。

由于双效型溴化锂吸收式热泵 COP 值比单效型热泵高 40%，驱动热源耗量比相同制热量的单效型热泵节省 40%，对于部分对热泵热水出口温度要求不高的供热项目，具有较好的经济性。目前，有部分电厂循环水余热回收项目和燃气型热泵项目采用双效型溴化锂吸收式热泵。

（3）多段多级型溴化锂吸收式热泵。多段多级型溴化锂吸收式热泵拥有一个以上的发生器、吸收器、蒸发器和冷凝器。与单段单效型溴化锂吸收式热泵相比，增加的发生器、吸收器、冷凝器和蒸发器，可以最大限度地实现热水的升温和余热水的降低。

蒸汽双级型溴化锂吸收式热泵的特点如下：

1）热泵 COP 值范围：1.3～1.4。

2）驱动蒸汽压力范围：0.1～0.9MPa。

3）热水出口温度范围：60～95℃。

4）热水出口和余热水出口温差：50～70℃。

5）余热水出口温度范围：30～10℃。

两级型溴化锂吸收式热泵可以允许更低的余热水温度，适合于部分余热水温度较低，但又希望多回收余热的供热项目。目前，有个别电厂循环水余热回收项目采用两级型溴化锂吸收式热泵。

二、 第二类吸收式热泵

第二类吸收式热泵也称升温型热泵。以提高热源温度为目的，利用中温热源和低温冷源的温差，将部分中温热源的热量转移到更高温度热源中，制取热量少于中温热源，但温度更高的高温热能。第二类吸收式热泵性能系数总是小于 1，一般为 0.3～0.6。

（一）原理

第二类吸收式热泵由发生器、冷凝器、蒸发器、吸收器、热交换器等部件组成，与第一类吸收式热泵不同，发生器和冷凝器处于低压区，而吸收器和蒸发器处于高压区。

第二类吸收式热泵热泵的原理如图 3-13 所示。

第二类吸收式热泵主要部件及辅助部件结构和运行原理如下：

1. 主要部件

（1）蒸发器：第二类吸收式热泵的蒸发器是一个密闭容器，内部均为可凝性气体，蒸发器内有大量水平布置的换热管，外部系统的中温热源进蒸发器后在换热管内进行流动；换热管外来自冷凝器的二次蒸汽冷凝水（冷剂水）淋滴在蒸发器换热管的外表面时，冷剂水达到其沸点，就会汽化，形成冷剂蒸汽冷剂水在蒸发汽化的过程中，吸收了换热管内部流动的中温热源的热量，使中温热源温度降低，而换热管外因吸收热量而汽化的冷剂蒸汽则通过挡液板进入吸收器，蒸发器内冷剂水完成了从中温热源中提取余热量的过程。

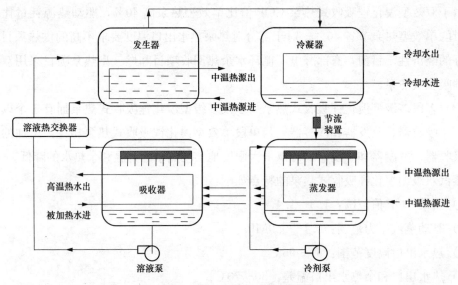

图 3-13　第二类吸收式热泵原理

（2）吸收器：吸收器与蒸发器在同一个密闭容器中，中间通过挡液板隔开，挡液板的用途是保证冷剂蒸汽进入吸收器，阻止溶液进入蒸发器。吸收器内有大量水平布置的换热管，在吸收器换热管的外表面，来自蒸发器的冷剂蒸汽，被来自发生器的溴化锂浓溶液吸收，冷剂蒸汽在吸收冷凝过程中放出热量使溴化锂溶液温度升高；升温的溴化锂溶液淋滴在吸收器换热管外表面，加热换热管内需要被加热的热水，使热水温度升高后送出热泵。溴化锂浓溶液不断地吸收冷剂蒸汽，溶液浓度会不断变稀，直至成为不再具有吸水性的稀溶液，再通过溶液泵送至发生器进行加热浓缩。吸收器内溴化锂浓溶液和冷剂蒸汽实现了中温热源水的热量向被加热热水转移的过程。

（3）发生器：发生器是管壳式结构的换热器，来自外部系统的中温热源进入发生器换热管内，在换热管内放热，放出的热量用于加热换热管外来自吸收器的溴化锂稀溶液，溶液温度升高达到沸点，溴化锂稀溶液中的水形成水蒸气从溶液中分离出来，这些水蒸气（二次蒸汽）通过汽液分离后进入冷凝器，分离出水蒸气浓度升高后的溴化锂溶液通过管道被送入吸收器内，继续在换热管表面吸收蒸发器产生的水蒸气加热热水。

（4）冷凝器：来自外部系统的冷却水在冷凝器换热管内流动，将来自发生器的二次蒸汽在冷凝器换热管外快速冷凝，变成冷凝水，换热管内的冷却水温度升高后离开吸收式热泵，冷凝水经过节流装置再回到蒸发器继续进行循环蒸发。

2. 辅助部件

（1）溶液换热器：溶液换热器的主要作用是利用来自发生器的高温溴化锂浓溶液与

来自吸收器的低温溴化锂稀溶液进行换热，对溴化锂稀溶液进行预加热。

（2）溶液泵：溶液泵的作用是将吸收器内的溴化锂稀溶液泵至发生器内。

（3）冷剂泵：冷剂泵的作用是将蒸发器冷剂水液囊的低温冷剂水泵至蒸发器布液装置循环蒸发。

（4）热泵抽真空装置：也称自动抽气装置，是利用引射原理，通过溶液泵出口分流的一路溶液将热泵内部的不凝性气体抽出，当抽出的气体达到一定容量后，通过真空泵自动排出。抽真空装置可以抽出热泵内的不凝性气体，并保持热泵内一直处于高真空状态。

（二）分类和应用

根据热泵的结构和能效比不同，第二类吸收式热泵可以分为以下几种。

1. 单段型第二类溴化锂吸收式热泵

单段型第二类吸收式热泵又分为单效型和双效型两种，其主要的特点：

（1）热泵 COP 值范围：0.45～0.6。

（2）中温热源进口温度范围：90～150℃。

（3）低温冷源进口温度范围：5～30℃。

（4）高温热源出口和中温热源出口温差：30～40℃。

2. 多段多级型第二类溴化锂吸收式热泵

多段多级型第二类溴化锂吸收式热泵，拥有一个以上的发生器、吸收器、蒸发器和冷凝器。与单段单效型第二类溴化锂吸收式热泵相比，可以最大限度地实现热水的升温和余热水的降低。

多段多级型第二类溴化锂吸收式热泵的特点如下：

（1）热泵 COP 值范围：0.3～0.4。

（2）中温热源进口温度范围：70～150℃。

（3）低温冷源进口温度范围：5～30℃。

（4）高温热源出口和中温热源出口温差：40～50℃。

第二类吸收式热泵目前主要用于化工企业生产工艺中温余热利用场合，例如，在多晶硅生产工艺中利用中温循环水余热通过第二类吸收式热泵制取低压蒸汽，在热电联产供热领域目前应用较少。

第四章

热泵选型与系统设计

吸收式热泵技术热电联产项目，利用热泵装置将热电联产机组的热网循环水、机组循环水（余热蒸汽）、抽汽驱动蒸汽联系在一起，实现回收低品位的机组排汽余热用于对外供热，系统复杂，投资造价也相对较高。主设备选型即热泵方案优化和系统设计，是保证热泵热电联产项目前期阶段质量的重要环节，也是确保项目投产后回收余热量是否达标、实际运行效益是否符合预期的关键部分。因此，在项目设计阶段，应保证热泵方案选型过程中设计边界条件的合理性、科学性、充分必要性，系统设计的可行性、安全性、经济性，继而为项目后续实施提供科学依据，实现项目最佳节能减排效果，发挥项目投资最大效益。

本章内容旨在阐述吸收式热泵热电联产项目实施过程中热泵方案选型及系统设计，重点论述热泵选型方案边界参数选取和主设备选型的主要问题、优化原则及方法。

第一节 热泵选型及系统设计优化的一般方法及原则

吸收式热泵热电联产项目的主设备即热泵选型及系统设计，首先应根据国家、行业等相关标准、规范来开展工作。由于热泵装置在火力发电厂应用时间相对较短，相关行业设计规程对于其选型及系统设计，并没有针对性的指导标准。而热泵装置的工作原理及工作特性，决定了热网水、循环水（或余热蒸汽，即汽轮机排汽）、驱动蒸汽3个主要边界条件存在耦合关系，3个边界参数的确定，直接影响主设备选型、运行效果，也影响热泵系统的设计布置、整体运行和项目的投资造价及投资回收期。因此，热泵选型及系统设计，除了遵循相关已有技术标准、规定，还应结合项目特点和实际工程经验，遵循一定的热泵选型方法和原则。

一、选型设计工作方法

热泵项目设计有其自身特点，通常以技改项目为主。无论是新建项目，还是改造项目，对于项目设计、方案选型过程，都与其他项目有类似之处。

（1）收集项目资料，现场勘查，开展必要的勘测试验。该阶段需深入现场开展各方面收资，确认项目建设条件、工程选址和设计选型的初步技术条件、实际需求、设计目标、限制条件、投资预算等。要重点针对热泵选型的热网水、循环水（余热蒸汽）、驱动蒸汽3个主要边界条件进行核实确认。必要时，针对设计条件，开展必要的现场试验，以进一步确定选型边界参数的可行性。该阶段虽然属于收资阶段，但是非常重要。

收资的充分性、科学性，直接决定项目选型的合理性，也直接决定项目的收益，因此，需要在该阶段开展大量细致、深入的前期工作。

（2）进行热泵方案设计、比选，初步确定技术方案。通过前期项目资料收集，开展方案设计、比选，在此过程中，需与热泵厂家进行技术沟通，确保主设备热泵选型的可行性。该阶段，需针对收集资料，至少设计两个或两个以上的方案进行对比，既要体现项目设计目标，又要考虑实际技术可行性和项目造价。需要针对主设备热泵进行建模选型计算，同时需对热泵与整个发电机组进行建模分析计算，确保热泵选型的可实现性，也要确保整个机组的技术经济指标最优。进而，初步确定选型技术路线及技术方案。

（3）进行系统工艺设计，开展技术经济分析，确定推荐方案。根据项目主设备方案选型设计，进一步开展系统设计及优化，进行项目各专业的工艺布置研究，确保整个系统的优化设计，并利于项目后续的实际施工、试运及运行。通过各专业设计收口，确定选型方案的技术经济核算，通过技术经济分析和财务投资分析，从技术上和经济性上，确保最终选型方案的合理性、科学性。

二、 选型设计工作思路

热泵改造方案优化一般思路，除遵循前述工作方法外，应具体结合以下环节进行：

全厂供热负荷分析和采暖综合指标确定→供热机组现况分析及机组排汽余热量确定→热网水、循环水（余热蒸汽）、采暖驱动蒸汽等各主要边界条件分析及设计确认→热泵建模及机组建模分析→主设备选型计算及比选→系统设计及优化→技术经济分析及财务投资分析→推荐最终优化方案。

三、 选型设计的几个原则

（1）结合实际原则。应立足机组现场运行工况、实际工作条件和设备厂家技术确认，结合可行性、安全性、科学性，综合确定热泵设计的边界条件，必要时需进行现场试验，对设计依据进行验证确认。此外，热泵设计外部边界条件的选取，还应结合热泵自身实际工作特性。

（2）因地制宜原则。厂房设计、管道系统布置等，应以项目实际现场为依据，合理布局，节约造价，利于运行和检修维护，方便施工安装。

（3）整体优化原则。既要立足发挥新增热泵设备使用效率，也要着眼于增加热泵装置后整个机组效率的变化，以实现机组整体效益最大化。一方面优化主设备选型，另一方面应兼顾系统工艺设计的优化，确保项目方案在机务、热控、电气、土建等各专业的全面优化，同时满足系统安全性、可靠性和稳定性。

（4）技术经济原则。由于热泵设计选型边界条件较多，且条件之间互相耦合。方案优化应着眼于边界条件下参数的优化选择，并考虑技术方案收益最大化、项目造价合理和投资效益最大化问题。

同等级机组边界条件不同时，热泵项目选型的差异有可能很大。可以说，该类项目最大的特点就是需结合项目实际边界条件，"一厂一策、一机一议、量身定制"地进行项目设计、主设备选型和系统设计。

第二节　热负荷及热泵热网水系统

一、供热负荷的确定

应根据供热现状、供热规划及供热可靠性要求，综合确定和核算供热面积增长需求。

热泵回收余热量应与供热负荷增长需求相匹配。进行技术经济分析时，应考虑供热负荷增加及不增加两种情况下的投资回收能力。

应根据热负荷种类、建筑热负荷指标及核实的供热面积增长需求，核算新增供热面积后的采暖综合指标，确定改造机组设计供热负荷及实际热负荷分配。

二、热泵热网水系统

热泵热网水流量选取应考虑以下因素：热网输送能力、热网循环水泵工作流量及驱动蒸汽条件、外网供热面积需求、可回收余热量等。

当热泵热网水流量未按照以上因素综合考虑时，应针对进行优化。

1. 热网输送能力

（1）一次热网水流量由设计热负荷决定，一般对应于供热机组最大抽汽工况。

（2）一次热网输送能力决定了机组可对外供热负荷的上限。

（3）一次热网输送能力取决于热网水总流量及供回水温差，在供回水温差一定时，取决于热网水总流量。

2. 热网水循环水泵工作流量

热网水循环水泵实际工作流量，可能因热网循环水泵及热网水管路运行条件变化，而与一次热网水设计工作流量不符。应进行现场调整试验及校核计算确认该实际流量，必要时更换设备，确保必要输送能力。

3. 热泵热网水流量

（1）热泵热网水流量应与一次热网输送能力相匹配。

（2）热泵热网水流量应与热网水循环水泵实际工作流量相匹配。应针对运行数据对热网水流量进行核算，同时应分析实际流量偏差及热网水回水压力偏差的原因。

（3）热泵热网水流量应与有效回收余热量、采暖抽汽参数及热负荷预期需求相匹配。

（4）宜保证在经济性条件下回收最大余热量。在满足实际条件和经济性的前提下，当设计回收余热量所需的热网水流量大于热网循环水泵最大工作流量时，应考虑对该泵进行扩容改造；同时，热网水流量还需与外网的新增供热面积需求相一致，必要时考虑热泵分期安装。

4. 热网水温度设计优化

热泵进出口热网水温度的选取应考虑以下因素：供热质调节曲线、近年及近期热网回水实际温度、供热负荷预期、驱动蒸汽条件、可回收余热量及热泵造价等。

当热泵进出口热网水温度未按照以上因素综合考虑时，应进行优化。

5. 热泵进口热网水温度

(1) 热泵进口热网水，即一次热网水回水，其温度应与历史供热运行数据相匹配。一般提取前3个供热季的数据进行统计分析，取平均值作为历史运行参考数据。

(2) 热泵进口热网水的确定同时应结合供热负荷分析，以及热网系统运行调整方式。

(3) 热泵进口热网水温度应能适应热泵变工况能力，符合回收余热随热网水回水温度变化曲线特性要求。

(4) 应考虑热网水回水温度的调整手段。必要时从工艺设计上考虑优化，如改造二级换热站、改变热网水补水位置等。

(5) 为降低热泵进口热网水温度或者欲采用大温差方案而需改造二次网换热站时，应结合供热负荷规划及二次网设计、运行数据进行新增换热站面积核算，并经技术经济分析确认方案。

(6) 热泵进口热网水温度设计值不宜过多偏离运行平均值，否则，设计过低时会致使热泵投运后带不满负荷，过高时会致使不利于回收余热且造成热泵造价上升。

6. 热泵出口热网水温度

(1) 热泵出口热网水温度影响热泵造价，不可过高，应与驱动蒸汽参数、热泵供热量及热网水回水温度、余热水温度相匹配，宜在满足相同回收余热的前提下，尽量取低值。

(2) 热泵串联在热网循环水泵之前运行时，热泵出口热网水温度必须与热网水循环水泵入口允许最高温度相匹配。

7. 热网水最终供水温度

热网水经热泵、热网加热器分级联合加热后，最终供水温度应校核计算，不应超过换热站允许最高温度。

8. 热网水系统阻力

(1) 热泵接入热网水系统后，系统阻力增加，应重新校核计算热网水循环水泵扬程，必要时增设热网水升压泵。

(2) 热泵热网水侧系统阻力损失一般应不超过 0.1MPa。

(3) 为减少系统阻力和节流损失，热网水循环水泵及升压泵宜采用变频装置。

9. 热网水系统布置

(1) 热泵一般与热网加热器串联运行。

(2) 应根据热网水水质，考虑在热泵进口处设置滤网。应从设计和优化运行方式上保证减少管路阻力，尽量不增加热网升压泵。

（3）热泵与热网循环水泵的前后相对位置应结合现场场地条件及实际运行工况而定。

第三节 热泵驱动蒸汽及疏水系统

驱动蒸汽参数优化选取应考虑以下因素：机组设计抽汽参数及实际抽汽参数、热泵供热负荷、回收余热量及余热水温度、热泵进口热网水温度、机组运行安全等，同时可考虑留有一定裕量。

当驱动蒸汽参数未按照以上因素综合考虑时，应针对进行优化。

一、驱动蒸汽流量

热泵驱动蒸汽设计流量应以实际抽汽流量为依据，同时考虑机组变工况时对抽汽流量的影响，必要时应进行现场调整试验确认。

应保证抽汽时机组汽缸的最低冷却流量，并注意汽源点的汽轮机厂家设计最大抽汽量，不可超过；否则，应重新校核计算，以保证机组安全性。

驱动蒸汽量应根据选定汽源参数、热泵性能指标及其供热负荷来计算，并考虑热泵与热网加热器之间负荷的合理分配。

二、驱动蒸汽压力

（1）热泵驱动蒸汽宜采用机组低压低品位的蒸汽，如采暖抽汽。应考虑抽汽压力对机组发电的影响。

（2）驱动蒸汽设计压力应以抽汽点实际运行压力为依据，同时考虑机组变工况时对抽汽压力的影响，必要时进行现场调整试验确认。

（3）驱动蒸汽压力对热泵出口热网水温度有直接影响。驱动蒸汽压力影响热泵造价，应与回收余热量、余热水温度、热泵进出口热网水温度相匹配。

（4）驱动蒸汽压力设计值高于实际抽汽压力时，将影响热泵带满负荷能力，过低时，无法回收全部余热量，热泵供热不足。驱动蒸汽汽源压力过高时，可考虑设计减压器或压力匹配器，并经技术经济比较后选定。

（5）为防止管道及设备超压，驱动蒸汽管路上应设置安全阀。

三、驱动蒸汽温度

（1）进入热泵驱动蒸汽的过热度不可过高，应能满足热泵厂家要求。

（2）进入热泵前的驱动蒸汽过热度一般不高于10℃。

（3）必要时应设置减温器，且减温水源应稳定、可靠，水质符合机组运行要求，能满足热泵启停过程及正常运行时需要。

（4）配置减温器时，应考虑对机组经济性的影响。

四、 驱动蒸汽系统阻力

（1）热泵驱动蒸汽设计压力应为进入热泵且不包含阀门损失的压力值，即抽汽点压力经驱动蒸汽管路阻力损失及阀门节流损失修正后的压力。

（2）驱动蒸汽汽源点宜靠近热泵厂房，以减少阻力损失。

五、 驱动蒸汽系统布置

（1）驱动蒸汽管道布置应考虑方便施工和安装，宜靠近热泵厂房，减少管道投资。

（2）应合理设计支吊架、弯头、膨胀节等，保证管道运行安全，同时尽量减少管道阻力损失。

（3）当驱动汽源设计由两台机组的抽汽接入时，从两机组引出的驱动蒸汽管间宜设计联络管道，以方便驱动蒸汽运行的切换备用。

（4）驱动汽源设计为切换备用方式时，备用容量大小应依据技术经济分析确定。同时，宜设计为单元制方式驱动热泵。

六、 驱动蒸汽疏水系统

1. 疏水系统参数

驱动蒸汽疏水温度一般不超过 90℃，最终疏水温度需经优化确定。

2. 疏水系统布置

疏水接入机组凝结水的位置，如机组原有热网疏水泵出口、低压加热器、除氧器，原则上应尽量保证与接入点的压力、温度一致，最终方案宜通过经济性分析确定。

当驱动蒸汽设计为两路汽源备用供汽时，驱动蒸汽疏水应针对汽源机组设计为切换运行方式，以利于机组运行时工质平衡调节。

疏水系统宜设置疏水箱，汇集后再由疏水泵输送至机组凝结水系统。疏水泵应论证采用变频装置。

第四节　热泵余热源系统

热泵余热源系统（余热水系统或余热蒸汽系统）的参数优化选取应考虑以下因素：机组排汽余热量、热泵供热负荷、驱动蒸汽实际压力、热泵进出口热网水温度、最佳真空、机组循环水泵工况、冷端系统优化、热泵造价等。

当余热水系统参数未按照以上因素综合考虑时，应针对进行优化。

一、 余热量设计优化

（1）机组排汽余热量设计值应依据汽轮机厂家提供的各种工况下热平衡图来计算。

（2）机组排汽余热量实际值应经过实际运行时循环水侧余热量反推核算。

（3）机组排汽余热量应考虑主汽轮机排汽余热、给水泵汽轮机排汽余热及其他排入凝汽器的余热部分。

二、 循环水余热量

（1）机组循环水余热量主要源自机组排汽余热量。当机组辅机冷却使用循环水时，宜考虑该部分循环水余热量。

（2）当循环水流量、凝汽器进口循环水温度一定时，循环水余热量由凝汽器出口温度决定，而该出口温度由凝汽器热负荷和凝汽器端差决定。

（3）宜计算最大采暖抽汽量和额定采暖抽汽量工况下的循环水余热量，并针对汽轮机热平衡图上的设计工况，进行实际余热量校核。

三、 热泵设计回收余热量

（1）热泵设计回收余热量应结合采暖期机组排汽余热量、余热水温度、余热水流量、热泵供热负荷、热网水输送能力、热泵造价等因素综合考虑。

（2）一般取采暖尖寒期时机组最小排汽余热工况下的余热量，作为热泵回收余热量的设计参考值。

（3）机组循环水实际可利用余热量，既有效回收余热量，应根据实际边界条件及热泵参考设计余热量进行核算。

（4）在各边界条件允许的情况下，设计上宜做到循环水余热量全部回收。当无法全部回收时，应按照约束边界条件修正回收余热量。无法回收的部分，对于闭式循环水系统通过继续进入冷却塔等方式进行散热，对于开式循环水系统通过原回水管道返回水源地。

四、 余热水温度设计

（1）热泵余热水进出口温度设计应结合热泵性能、回收余热量、驱动蒸汽参数、热网水参数、机组安全、最佳真空等因素综合考虑。同时，应结合余热水温度对发电量的影响、供热收益变化及项目造价，来确定进出口温度最佳值。

（2）余热水温升一般宜对应于机组循环水实际温升，以保证机组循环水整个系统热量的总体平衡。

（3）进行热泵余热水出口温度设计时，应结合热泵性能、热网水参数、余热水流量及回收余热量等因素综合考虑。热泵余热水出口温度对热泵热网水出口温度有重要影响，应结合驱动蒸汽压力等参数，通过吸收式热泵本身工作特性来核实余热水进口温度、热网水出口温度设计值是否合理可行。

五、 余热水流量及循环水系统防冻

1. 余热水流量

（1）热泵余热水流量应根据热泵设计回收余热量及余热水温升来计算。

（2）热泵余热水流量应以冬季采暖工况下机组循环水泵实际工况为参考，并经过技术经济比较确认最佳余热水流量。

2. 流量分配及循环水系统防冻

（1）条件允许时，应尽量设计为余热全部回收，此时机组循环水全部经过热泵形成闭环运行。对于闭式循环水系统，余热水闭环运行后，所有循环水经过热泵后回流至机组冷却塔塔池，可以避免循环水上塔防冻问题。

（2）对于开式循环水系统，余热水闭环运行后，所有循环水经过热泵后，回流至凝汽器进水管路。但此时应考虑原循环水系统其他管道中存水防冻问题。

（3）余热水不能形成闭环运行时，应考虑平衡部分循环水上塔散热回流后对凝汽器进口循环水水温的影响，并结合运行方式优化等综合考虑部分循环水上塔的防冻措施。做好整个余热循环水系统优化运行方式及系统质量平衡、热量平衡论证，确保可行性和经济性。

六、 余热水系统布置及系统阻力

1. 余热水系统布置

（1）余热水系统管道布置应考虑方便施工和安装，宜靠近热泵厂房减少管道投资。同时应考虑方便运行调整原则。

（2）应合理设计支吊架、弯头等，保证管道运行安全，同时尽量减少管道阻力损失。

（3）余热水系统一般宜设计为切换运行模式，既两机组循环水都可向热泵机组供给余热水。此时，热泵余热水出水应可切换回至相应机组侧。

（4）对于烟塔合一机组，被回收循环水余热机组的尾部烟气应可切换并引入至另一机组冷却水塔运行。

（5）对于闭式循环水系统，热泵余热水出水可设计为回水至冷却塔塔池或者循环水泵进水干管。

（6）对于开式循环水系统，一般应在热泵前增设吸水池和余热水循环泵，出热泵后引水至循环水泵进水干管。

2. 余热水系统阻力

（1）热泵接入机组循环水系统后，系统阻力增加，应重新校核计算机组循环水泵扬程，必要时增设余热水循环泵。

（2）热泵循环水侧系统阻力损失一般应不超过 0.1MPa。

（3）热泵余热水引入和出水管道，宜靠近热泵厂房以减少管道阻力。

（4）除热泵余热水系统阻力，应充分考虑循环水系统、余热水系统各点高程，并留有设计裕量。

七、 空冷机组排汽余热利用系统

空冷机组应根据空冷方式、余热热源性质来确定热泵类型和系统布置，并依据设计条件和实际运行工况来选择余热系统边界条件。

空冷机组热泵系统设计优化在热网水、驱动蒸汽系统及辅机冷却水余热热源方面，可以参考湿冷机组的参数选定原则。在余热热源系统方面还应考虑以下因素：设计气温和空冷系统 ITD（初始温差）、最高允许背压、最低允许背压、最高满发背压、机组实际运行参数、项目造价等。其中，最高允许背压需考虑汽轮机本体安全运行条件。

当空冷机组余热系统参数未按照以上因素综合考虑时，应针对进行优化。

1. 空冷机组余热利用的热泵类型

（1）直接空冷机组宜采用蒸汽余热型吸收式热泵回收汽轮机排汽余热，对于其辅机冷却循环水余热、给水泵汽轮机排汽余热宜采用热水余热型吸收式热泵。

（2）间接空冷机组宜采用热水余热型吸收式热泵。

2. 空冷机组余热热源系统

（1）空冷机组的主机排汽、给水泵汽轮机排汽、辅机冷却水未采用一套冷却系统时，应核实各冷端设计参数和实际运行工况，且热泵余热热源宜分开考虑。

（2）空冷机组的主机、给水泵汽轮机、辅机冷却水的余热热源是否都利用，应根据技术经济比较后确定。

（3）空冷机组主机、给水泵汽轮机及辅机冷却水余热热源，是否共用同一热泵，应依据机组安全性、经济性及项目造价综合考虑。

3. 空冷机组热网水及驱动蒸汽系统

（1）空冷机组热网水及驱动蒸汽系统参数，可参考前文导则中湿冷机组相关设计优化原则进行选定。

（2）驱动蒸汽疏水返回至主机凝结水系统的位置，应根据经济性分析后确定。

（3）对于直接空冷机组，热泵驱动蒸汽疏水回收到排汽联合装置时，应核算对主机真空影响及机组整体热平衡。

4. 空冷机组余热系统布置、系统阻力及防冻

（1）热网水、驱动蒸汽系统布置、系统阻力的设计优化可参考本章第三节、第四节中湿冷机组相关内容。

（2）直接空冷机组排汽凝结水、驱动蒸汽疏水设计为返回排汽联合装置时，宜考虑疏水自流方式，尽量不增设疏水泵。

（3）直接空冷机组排汽管路和热泵蒸发器系统相连，排汽凝结水与主机排汽联合装置相连，设计上应保证真空严密性，以免影响机组经济性和安全性。

（4）应根据设计回收余热量核算热泵和空冷岛散热器在额定工况下的余热量分配，并采取空冷岛散热器防冻技术措施。

第五节 热泵选型的技术经济评价

热泵选型应综合考虑技术和经济两方面，其中技术方面应结合边界条件优化参数、

最佳背压、增加供热能力、实际节煤潜力、节水潜力、热泵系统电耗等综合考虑，经济方面应结合电价、热价、燃料价、水价、项目造价等因素综合考虑。

一、 热泵选型评价

（1）在热泵供热负荷、回收余热量等边界条件确定后，应根据现场施工面积条件、热泵造价优化选择热泵单机功率和热泵台数。

（2）在相同热泵供热总功率下，单机功率增大、台数减少，可降低热泵总造价，并可节约设备占地面积。

同时，热泵选型一般按照最小费用原则，既在回收相同余热量前提下，选择造价最合理方案，并应兼顾考虑以下原则：最大提取余热量原则，应在选定边界条件和满足安全性条件下，尽量回收最大余热量；最佳真空原则，应考虑增加热泵系统后机组整体效益最大化的真空；最佳造价原则，相同收益下，造价最小原则。

二、 热泵项目技术经济评价

1. 项目收益

热泵余热利用项目的收益部分应包括增加供热面积的收益、不增加供热时的节煤收益、节水收益。负收益部分应包括背压升高后影响发电、热泵系统耗电等。

项目收益分析中增加供热时的收益和不增加供热时的节煤收益，应按照采暖期热泵负荷率分配来核算。

收益计算公式为

$$R = r_h = r_{coal} + r_w + r_o$$
$$C = c_{exh} + c_{el} + c_{oth}$$
$$P_{het} = P - C$$

式中　　　　　R——收益，万元；

r_h、r_{coal}、r_w、r_o——供热收益、节煤收益、节水收益、其他收益，万元；

C——负收益，万元；

c_{exh}、c_{el}、c_{oth}——排汽背压升高影响发电负收益、厂用电增加负收益、其他影响造成的负收益，万元；

P_{net}——实际净收益，万元。

收益 R 的计算公式中，供热收益、节煤收益、节水收益应按照实际合同价格计算。当 $r_h = 0$ 时，供热面积不增加，收益按照节煤和节水效益计算；当 $r_{coal} = 0$ 时，供热面积增加，收益按照售热和节水效益计算。

负收益 C 的计算公式中，影响发电负收益应按照实际上网电价计算。c_{el1} 是热泵系统设备直接增加的厂用电耗成本。c_{el2} 是其他影响成本，如工业抽汽使用成本、减温水投入等引起的热耗增加成本等。

上述收益公式中只考虑实际技术收益，暂未考虑节能奖励资金收益。

2. 热泵项目初投资成本

$$C_{tot} = c_{ctru} + c_{erec} + c_{proc} + c_{oth}$$

式中　　　　　　C_{tot}——项目总投资成本，万元；

c_{ctru}、c_{erec}、c_{proc}、c_{oth}——项目建设工程费、安装工程费、设备购置费、其他费用，万元。

3. 热泵项目运营成本

$$C_{oper} = c_{zj} + c_{jy} + c_{tx} + c_{lx}$$

式中　　　　　　C_{oper}——运营成本，万元；

c_{zj}、c_{jy}、c_{tx}、c_{lx}——折旧费、经营成本、摊销费、利息支出，万元。

4. 投资分析

可根据前述收益及成本分析，通过投资分析和财务评价方法，进行项目的投资回收年限、资金收益率、敏感性分析等具体评价。

热泵改造项目经济评价应采用动态评价方法。宜选择费用年值法、净现值法、内部收益率法、动态投资回收期法等对项目盈利能力进行财务评价，并作敏感性分析。

第六节　选型设计的其他要求

一、 热泵水质分析

应针对热网水、循环水水质进行实测分析。水质较差时，应考虑在热泵入口侧设置滤网。为确保热泵余热水侧参数选型准确，循环水系统水质差时，会增加凝汽器换热热阻，除考虑调质外，可增设胶球清洗系统。

烟塔合一机组应注意循环水中含有的烟气飞灰对热泵系统腐蚀、磨损影响。

二、 热泵换热管管材选择

（1）热泵换热管管材选择应考虑热泵内部工质的防腐，同时应针对水质条件考虑热网水、循环水的腐蚀、磨损，并针对提出制造工艺要求。

（2）原则上应选择不低于机组同等部分材质设计要求，热泵发生器部分材质应结合防腐、传热、制造安装、设计裕量、造价等因素择优选择。

三、 热泵厂房布置

（1）厂房布置应结合驱动汽源、热网水管网和余热热源系统实际情况，本着节约投资、方便施工安装、利于运行维护原则，尽量靠近主厂房。

（2）厂方布置应留足运行通行、检修维护空间。

四、 项目其他设计

项目其他设计如土建、建筑、热控、电气、消防、暖通等专业设计，与常规火电项目并无特别差异之处，可以参照现有技术标准、规定即可。

五、 全厂整体规划和优化设计

通常情况下，热泵热电联产项目都是基于回收一台机组循环水（余热蒸汽）余热来设计，由于投资较高，期望热泵投产后主要用于增加供热来扩大项目收益，因此，对于当前全厂供热饱和程度都有一定要求，例如至少已经达 70%～80% 的供热能力。如果全厂供热负荷需求较大或增长快速，接近或将很快超过当前全厂实际供热能力，应针对全厂供热方式、供热运行调度、供热收益进行整体规划和优化设计，以从全厂角度选择合适的供热改造技术路线。

第七节　热泵选型典型案例

典型机组的热泵选型案例如表 4-1 所示。

表 4-1 典型机组热泵选型

选型案例	1	2	3	4	5
汽轮机型号	C200/145 −12.75	C200/141 −12.75	C300/250 −16.7	C300/230 −16.7	NZK600-16.7 空冷
提取总余热量（MW）	61	59	95.78	134.1	73.61
热泵总供热量（MW）	148.12	143.6	232.6	325.6	174.45
热泵容量/台数	37MW/4 台	35.9MW/4 台	38.77MW/6 台	40.7MW/8 台	58MW/3 台
驱动蒸汽压力 [MPa，绝对压力]	0.2	0.2	0.34	0.32	0.65
驱动蒸汽流量（t/h）	133.46	119.8	190	267	139.7
热网水流量（t/h）	8000	9500	10000	10000	5000
热网水进出口温度（℃）	49/64.87	55/68	58/78	50/78	60/90
余热水流量（t/h）	8630	7800	10300	13000	110（排汽）
余热水进出口温度（℃）	33/27	38/31.5	38/30	36/27	45.8/45.8

由表 4-1 中可见，相同容量机组，在不同热网水、余热（循环）水、驱动蒸汽边界条件下，选型结果是不相同的。

例如，案例 1 与案例 2 机组容量、型号基本一致，热泵驱动蒸汽压力条件一致，回收余热量也基本一致。但由于热网水侧边界参数不同，尤其是案例 1 热泵进口热网水温度相对案例 2 低了 6℃，更有利于发挥吸收式热泵工作特性，只需要较低的余热（循环）水参数，因此案例 1 热泵进口余热水温度要低于案例 2。

同样，作为相同容量机组的案例 3 和案例 4，热泵回收余热量却相差较大。其主要原因也是由于案例 3 的热泵进口热网水温度较案例 4 偏高 8℃，同时受制于热泵出口热网水温度不能太高的约束，导致案例 3 热泵总制热量的限制。

案例 5 作为直接空冷机组，其排汽直接进入热泵后经过换热冷凝释放汽化潜热，并被热泵作为余热回收。该类型热泵的热网水侧、驱动蒸汽侧参数选型与湿冷机组没有本质上的区别。

第五章

余热回收热电联产技术指标

本章基于 DL/T 1646—2016《采用吸收式热泵技术的热电联产机组技术指标计算方法》，介绍了采用吸收式热泵技术回收余热进行供热的热电联产机组主要技术指标及计算方法。可用于该技术在热电联产项目立项、设计、验收的性能评价，运行、检修时的监督管理，以及技术指标的统计计算、分析。其他余热利用热电联产形式也可参照这些技术指标和分析方法进行评价。

第一节 热 力 参 数

热力参数是指可以直接通过测量获得的参数，包括压力、温度、流量等。尤其是热泵与热力系统接口处的边界参数，对热泵设计、选型、性能评价、运行监视都有重要作用，此外，这些边界参数中存在一些最高或最低的限制值，制约着热泵的安全经济运行。本节对这些规范参数进行说明。

热泵边界接口主要按照驱动蒸汽、余热蒸汽（水）、热网水三个部分的进口和出口进行分类。典型余热蒸汽型热泵原则性系统的主要热力参数示意如图 5-1 所示。

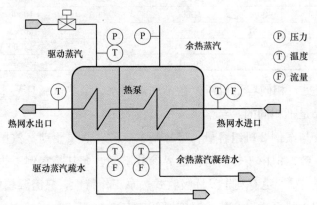

图 5-1 典型余热蒸汽型热泵原则性系统的主要热力参数示意图

各个参数定义基本原则如下：

（1）各个接口参数均规定为热泵本身进出口处参数，若在热泵进出口管道上设有阀门，则应为进口阀门之后，出口阀门之前的参数。

（2）当蒸汽为两相流或湿蒸汽时，其流量应包含各相的流量，而不能只包含气相的流量。如驱动蒸汽流量应包含加入抽汽的减温水；当驱动蒸汽为湿蒸汽时，应同时包含气相和液相的流量。余热蒸汽也是如此。

（3）如有必要应说明试验测量这些参数的一些基本原则。对于试验标准，可进一步明确测点位置的要求，如考虑压损、散热等因素对试验误差的影响，规定测点与接口的距离。

热泵热力性能计算需要的重要参数中，主要需要计算工质的比焓，对于液态水，压力对比焓影响很小，计算比焓时，一般不需要专门的高精度测量，使用现场运行测点或根据相关其他位置的压力估算已能够获得足够精确的结果，因此，如果确有必要，需评价水侧阻力时，可根据相同的原则进行规范。

按照热泵的驱动蒸汽系统、余热热源系统、热网水系统三个接口分别说明各个热力参数。

一、 驱动蒸汽参数

1. 驱动蒸汽进口参数

（1）驱动蒸汽压力：驱动蒸汽在进入热泵进口处的压力。应取热泵入口蒸汽流量调节阀后压力。

（2）驱动蒸汽温度：驱动蒸汽在进入热泵进口处的温度。应取热泵入口蒸汽流量调节阀后温度。

（3）驱动蒸汽流量：进入热泵的驱动蒸汽的流量，宜通过测量驱动蒸汽疏水流量获得。该流量应包含加入抽汽的减温水，当驱动蒸汽为湿蒸汽时，应同时包含气相与液相的流量。

需要注意的是，驱动蒸汽由汽轮机抽汽到热泵进口存在一定压损，并往往引入减温水降低温度，因此，需要明确区分热泵进口驱动蒸汽参数与作为驱动蒸汽汽源的汽轮机抽汽参数。

驱动蒸汽压损不仅包括各种管道阀门的流动阻力，还包括调节阀在调节过程中产生的节流。受热泵工作温度限制，有时需要对驱动蒸汽进行喷水减温，会造成温度与流量的变化。此时，驱动蒸汽流量应该包含从汽轮机抽汽来的蒸汽和减温水两部分流量。

另外，由于蒸汽流量测量精度大大低于水流量的测量，所以驱动蒸汽流量测量推荐通过测量其疏水流量来进行，只是习惯上仍将其称为驱动蒸汽流量。

2. 驱动蒸汽疏水参数

驱动蒸汽疏水温度是指驱动蒸汽放热冷凝后的疏水在流出热泵出口处的温度。

虽然完全确定疏水的热力状态也需要压力和温度两个参数，但评价热泵热力性能时，疏水温度一般需要高精度的准确测量，而压力则可使用满足现场运行要求的测点即可，或根据相关其他位置的压力估算。

二、 余热热源参数

热泵余热热源对于空冷机组为汽轮机的排汽，对于湿冷机组为凝汽器的循环冷却水。对于热泵，分别称作余热蒸汽和余热水，并按此将热泵分为余热蒸汽型热泵和余热水型热泵。

1. 余热蒸汽进口及其凝结水参数

（1）余热蒸汽压力：余热蒸汽在进入热泵进口处的压力。

（2）余热蒸汽流量：余热蒸汽进入热泵的流量。可通过测量余热蒸汽疏水流量或通过热泵热平衡计算获得。

（3）余热蒸汽凝结水温度：余热蒸汽放热后的凝结水在流出热泵出口处的温度。

热泵余热蒸汽一般是湿蒸汽，不能通过压力、温度确定蒸汽的热力状态，故一般只测量其压力，并通过热平衡计算的方法间接确定其比焓。

类似驱动蒸汽，余热蒸汽流量同样宜采用测量疏水流量获得，余热蒸汽凝结水一般也只需准确测量其温度。

2. 余热水进出口主要参数

（1）余热水进口温度：余热水在进入热泵进口处的温度。

（2）余热水出口温度：余热水在流出热泵出口处的温度。

（3）余热水流量：余热水进入热泵的流量。

如上所述，分析热泵的热力性能时，不要求对水的压力进行精确测量，若需分析水阻等特性时，则需对采用的压力参数进行规范并精确测量。

三、 热网水参数

热网水进出口参数包括：

（1）热网水进口温度：热网水在进入热泵进口处的温度。

（2）热网水出口温度：热网水在流出热泵出口处的温度。

（3）热网水流量：热网水进入热泵的流量。

试验一般选择测量热网水进口流量。如果现场条件受限，也可通过测量出口流量计算。

四、 参数限值

各个边界参数限值对于热泵的用户来说是非常重要的指标，影响到能否安全有效地使用热泵。运行时应该明确了解这些限制指标。

1. 热泵安全

考虑热泵安全运行的要求，提出对运行参数的限制，这些参数应由热泵厂家提供给用户。主要包括：

（1）最高驱动蒸汽压力：影响热泵安全运行的最高允许蒸汽压力。

（2）最高驱动蒸汽温度：影响热泵安全运行的最高允许蒸汽温度。

（3）最低余热水流量：影响热泵安全运行的最低允许余热水流量。

（4）最低热网水流量：影响热泵安全运行的最低允许热网水流量。

由于热泵驱动蒸汽的饱和温度不能超过规定的限制，故限制最高驱动蒸汽压力。影响温度限制的因素较多，除防止溴化锂溶液结晶外，还有换热管胀口部分强度、部件的膨胀量、缓蚀剂等对温度的要求，具体温度限值由热泵厂家综合各种因素给出。由于用于驱动蒸汽的汽轮机抽汽往往具有较高的过热度，在进入热泵前也需要减温或使用过热蒸汽冷却段，使其过热度一般不超过 10～15℃。

流经热泵的余热水流量或热网水流量过低，热泵输出热量降低到一定程度时，可能造成发生器中的溶液温度过高，引起溴化锂溶液结晶，一般厂家规定余热水流量不低于设计流量的 60%。

在温升不变的情况下，热泵的出力能力会随着热网水流量的降低而降低。当热泵出力过低时，溴化锂溶液结晶风险增大，影响热泵安全，一般厂家规定热网水流量不低于设计流量的 50%。

2. 热泵制热能力

热网水流量、余热水流量降低，由于其携带的热能减少，所以会直接导致热泵制热能力下降。除此之外，某些其他参数降低也会影响热泵的换热能力，当低于某个限值后，热泵将不能达到设计制热能力。为了完整掌握热泵的制热能力和相关参数的关系，热泵制造商应提供相关参数与热泵制热能力的关系曲线，从这些曲线中就可以得到达到设计额定制热能力或某一给定制热能力对应的参数。相关参数限值主要包括：

（1）最低驱动蒸汽压力：热泵达到给定制热量对应的最低驱动蒸汽压力，应由热泵厂家提供的驱动蒸汽压力与制热量变工况曲线获得。

驱动蒸汽饱和温度过低，会影响溴化锂溶液中蒸汽的释放，影响热泵制热能力。

（2）最低余热蒸汽压力：热泵达到给定制热量对应的最低余热蒸汽压力，应由热泵厂家提供的余热蒸汽压力与制热流量变工况曲线获得。

余热蒸汽压力过低，会影响热泵蒸发器中的换热，造成热泵制热能力降低。

（3）最低余热水温度：热泵达到给定制热量对应的最低余热水进口温度，应由热泵厂家提供的余热水进口温度与制热量变工况曲线获得。

热泵进口余热水温度过低，会影响热泵蒸发器中的换热，造成热泵制热能力降低。

（4）最高热网水进口温度：热泵达到给定制热量对应的最高热网水进口温度，应由热泵厂家提供的热网水进口温度与制热流量变工况曲线获得。

3. 汽轮机排汽压力

汽轮机安全运行对排汽压力存在最高限制。排汽压力对汽轮机通流部分强度、低压缸热膨胀、机组轴系振动、凝汽器管束胀口等多种安全因素都有影响。虽然排汽压力限制的原因和热泵没有直接关系，但构成热泵运行最高参数边界，成为热泵设计选型的重要边界参数。

对于余热蒸汽型热泵，余热蒸汽压力直接取决于汽轮机的排汽压力，从而对热泵来说提出了最高余热蒸汽压力的运行边界。对于余热水型热泵，根据排汽压力结合凝汽器性能可得到最高余热水温度。

（1）最高余热蒸汽压力：影响汽轮机安全运行的最高允许余热蒸汽压力，应由汽轮机制造厂核算后提供。

（2）最高余热水温度：影响汽轮机安全运行的最高允许余热水温度，即为汽轮机允许的最高循环冷却水温度，应由汽轮机制造厂针对热泵供热系统设计核算最高排汽压力后，结合凝汽器性能计算。

第二节 热 泵 技 术 指 标

一、 换热器性能

吸收式热泵是由吸收器、发生器、冷凝器、蒸发器等换热器组成，各个换热器的性能均会影响热泵整体性能，进而影响整个供热系统的性能。以有效能的观点来看，换热性能主要反映了传热过程中温差造成的不可逆损失，压损则反映了流动中耗散作用造成的不可逆损失。

工程中使用传热系数来评价换热器的整体换热性能。但由于传热系数计算相对比较复杂，在实际生产中应用并不方便，一般只在发现加热器确实存在问题，或者进行设备验收性能评价时，才通过试验进行测量与计算。实际使用较多的是各个换热器的端差、温升、过冷度等。

1. 吸收器

吸收器端差是指浓溶液进入吸收器的温度与吸收器热网水出口温度差。其计算式为

$$t_{\mathrm{D\_xs}} = t_{\mathrm{ryi,xs}} - t_{\mathrm{rwc,xs}}$$

式中 $t_{\mathrm{D\_xs}}$——吸收器端差，℃；

$t_{\mathrm{ryi,xs}}$——浓溶液进入吸收器的温度，℃；

$t_{\mathrm{rwc,xs}}$——吸收器热网水出口温度，℃。

2. 发生器

（1）发生器端差。驱动蒸汽压力下的饱和温度与溶液中析出的水蒸气离开发生器的温度差。其计算式为

$$t_{\mathrm{D\_fs}} = t_{\mathrm{BH\_qd}} - t_{\mathrm{zc,fs}}$$

式中 $t_{\mathrm{D\_fs}}$——发生器端差，℃；

$t_{\mathrm{BH\_qd}}$——驱动蒸汽压力下的饱和温度，℃；

$t_{\mathrm{zc,fs}}$——溶液中析出的水蒸气离开发生器的温度，℃。

（2）驱动蒸汽疏水过冷度。驱动蒸汽压力下的饱和温度与驱动蒸汽疏水温度的差值。其计算式为

$$t_{\mathrm{G\_qdn}} = t_{\mathrm{BH\_qd}} - t_{\mathrm{qdn}}$$

式中 $t_{\mathrm{G\_qdn}}$——驱动蒸汽疏水过冷度,℃;

$\quad t_{\mathrm{BH\_qd}}$——驱动蒸汽压力下的饱和温度,℃;

$\quad t_{\mathrm{qdn}}$——驱动蒸汽疏水温度,℃。

3. 冷凝器

（1）冷凝器端差：热泵冷凝器中冷剂蒸汽压力下的饱和温度和热泵的热网水出口温度（即为热网水冷凝器出口温度）的差值。其计算式为

$$t_{\mathrm{D\_ln}} = t_{\mathrm{BH\_ln}} - t_{\mathrm{wbc}}$$

式中 $t_{\mathrm{D\_ln}}$——冷凝器端差,℃;

$\quad t_{\mathrm{BH\_ln}}$——冷凝器中冷剂蒸汽压力下的饱和温度,℃;

$\quad t_{\mathrm{wbc}}$——热泵的热网水出口温度（即热网水冷凝器出口温度）,℃。

热网水在热泵中的温升包括了在吸收器和冷凝器中的总温升。当对热泵各换热器进行分别研究时，可分别研究热网水在吸收器和冷凝器中的温升。

（2）热网水温升：热网水流经热泵后的温度升高值。其计算式为

$$\Delta t_{\mathrm{wb}} = t_{\mathrm{wbc}} - t_{\mathrm{wbj}}$$

式中 Δt_{wb}——热泵的热网水温升,℃;

$\quad t_{\mathrm{wbc}}$——热泵的热网水出口温度,℃;

$\quad t_{\mathrm{wbj}}$——热泵的热网水进口温度,℃。

4. 蒸发器

（1）蒸发器端差。对于蒸汽余热回收，蒸发器端差为余热蒸汽压力下的饱和温度与蒸发器中冷剂蒸发温度的差值。其计算式为

$$t_{\mathrm{D\_zf}} = t_{\mathrm{BH\_yr}} - t_{\mathrm{BH\_zf}}$$

式中 $t_{\mathrm{D\_zf}}$——蒸发器端差,℃;

$\quad t_{\mathrm{BH\_yr}}$——蒸发器中余热蒸汽压力下的饱和温度,℃;

$\quad t_{\mathrm{BH\_zf}}$——蒸发器中冷剂蒸发温度,℃。

对于热水余热回收，蒸发器端差为热泵余热水出口温度（即为余热水蒸发器出口温度）与蒸发器中冷剂蒸发温度的差值。其计算式为

$$t_{\mathrm{D\_zf}} = t_{\mathrm{ysc}} - t_{\mathrm{BH\_zf}}$$

式中 t_{ysc}——热泵余热水出口温度（即余热水蒸发器出口温度）,℃。

（2）余热蒸汽凝结水过冷度：余热蒸汽压力下的饱和温度与余热蒸汽凝结水温度的差值。其计算式为

$$t_{\mathrm{G\_yrn}} = t_{\mathrm{BH\_yr}} - t_{\mathrm{yrn}}$$

式中 $t_{\mathrm{G\_yrn}}$——余热蒸汽凝结水过冷度,℃;

$\quad t_{\mathrm{BH\_yr}}$——余热蒸汽压力下的饱和温度,℃;

$\quad t_{\mathrm{yrn}}$——余热蒸汽凝结水温度,℃。

（3）余热水温降：余热水流经热泵后的温度降低值。其计算式为

$$\Delta t_{ys} = t_{ysj} - t_{ysc}$$

式中　Δt_{ys}——热泵的余热水温降，℃；

　　　t_{ysj}——热泵的余热水进口温度，℃；

　　　t_{ysc}——热泵的余热水出口温度，℃。

5. 水侧阻力损失

主要涉及的水侧阻力损失指标如下。

（1）余热水压损：余热水流经热泵后的压力降低值。其计算式为

$$\Delta p_{ys} = p_{ysj} - p_{ysc}$$

式中　Δp_{ys}——热泵的余热水压损，kPa；

　　　p_{ysj}——热泵的余热水进口压力，kPa；

　　　p_{ysc}——热泵的余热水出口压力，kPa。

（2）热网水压损：热网水流经热泵后的压力降低值。其计算式为

$$\Delta p_{wb} = p_{wbj} - p_{wbc}$$

式中　Δp_{wb}——热泵的热网水压损，kPa；

　　　p_{wbj}——热泵的热网水进口压力，kPa；

　　　p_{wbc}——热泵的热网水出口压力，kPa。

换热器水侧的压力损失主要影响相关水泵的耗功。另外，在运行中监视水侧压损可用于评价传热管脏污和阻塞的程度。

6. 进汽压损

热泵主要进汽压损指标如下。

（1）驱动蒸汽进汽压损率：驱动蒸汽从汽轮机抽汽口到热泵驱动蒸汽进口处的压力损失率。其计算式为

$$\xi_{qd} = \frac{p_{gc} - p_{qd}}{p_{gc}} \times 100\%$$

式中　ξ_{qd}——驱动蒸汽进汽压损率；

　　　p_{gc}——用作驱动蒸汽的汽轮机供热抽汽在抽汽口处的压力，MPa；

　　　p_{qd}——驱动蒸汽在热泵进口处的压力，MPa。

驱动蒸汽压损不仅包括各种管道阀门的流动阻力，还包括调节阀在调节过程中产生的节流。

（2）余热蒸汽进汽压损率：余热蒸汽从汽轮机排汽口到热泵余热蒸汽进口处的压力损失率。其计算式为

$$\xi_{yr} = \frac{p_{p} - p_{yr}}{p_{p}} \times 100\%$$

式中　ξ_{yr}——余热蒸汽进汽压损率；

　　　p_{p}——用作余热蒸汽的汽轮机排汽压力，kPa；

p_{yr}——余热蒸汽在热泵进口处的压力，kPa。

二、热泵热力性能

1. 相关换热量

吸收式热泵利用高温热源的热量作为驱动，提取低温余热热源中的热量，加热作为中温热源的热网水。相关的主要换热量有余热供热量、驱动热源供热量、热网水吸热量，这些热量可以通过工质的流量和进出口比焓计算，即

$$\Phi = \frac{q(h_2 - h_1)}{1000}$$

式中　Φ——工质在热泵中的换热量，MW；

　　　q——工质进入热泵的流量，t/h；

　h_1、h_2——工质在热泵进口、出口处的比焓，kJ/kg。

对于余热蒸汽型热泵，余热热源是湿蒸汽，其比焓不能通过直接测量获得，此时即可通过汽轮机热平衡计算排汽比焓，也可通过热泵的热平衡直接计算余热供热量。

2. 热平衡方程

热泵与外部的能量交换除上述换热量外，热泵的辅助设备还需要消耗少量电能，如溶液泵、冷剂泵、抽真空泵等，同时，热泵存在对环境的散热。如下：

（1）消耗的电功率 P_{rb}。

（2）散热量 Φ_{sr}。

根据热力学第一定律，输入、输出热泵的各个能量满足热平衡方程，即

$$\Phi_{rb} = \Phi_{qd} + \Phi_{yr} + P_{rb} - \Phi_{sr}$$

式中　Φ_{rb}——热泵供热量，MW；

　　　Φ_{qd}——驱动热源供热量，MW；

　　　Φ_{yr}——余热供热量，MW；

　　　P_{rb}——消耗的电功率，MW；

　　　Φ_{sr}——散热量，MW。

由于消耗电功率和散热热流量的量级相对很小，工程中一般可忽略，热平衡方程简化为

$$\Phi_{rb} = \Phi_{qd} + \Phi_{yr}$$

热平衡方程将输入、输出热泵的各个能量之间建立了联系，在热泵能量转换过程的分析中具有重要作用。可以用来定义一些反映热泵能量转换过程的技术指标，如热泵性能系数（COP）、散热率、耗电率等。热平衡方程也可用于检查各参数测量及计算的准确性，或通过热网水吸收的热量和驱动蒸汽放热量计算余热供热量。

3. 热泵性能系数（COP）

性能系数是反映热泵供热系统综合能量转换效率的热力学指标，可用来评价热泵系统整体热经济性。定义为热泵的供热热流量和输入热泵的高品位能量的比值，其中高品

位能量包括驱动热流量及消耗的电功率。其计算式为

$$CDP = \frac{\Phi_{rb}}{\Phi_{qd} + P_{rb}}$$

如前所述，工程中一般可忽略电功率，即

$$CDP = \frac{\Phi_{rb}}{\Phi_{qd}}$$

性能系数是按照热力学中关于能量转换系统效率的一般概念进行定义的，即对于特定能量转换装置，其有效输出的能量与有效输入的能量之比。其中的输入、输出带有从能量利用价值评判的因素，因此，输入热泵的能量不计入低温热源的热量，输出热泵的能量不计入散热损失。

对于热电联产应用的第一类吸收式热泵，由于供热量包含从驱动热源和余热热源吸收的能量，故其性能系数总是大于1的。

4. 理想可逆循环热泵性能系数

理想可逆循环没有有效能损失，工作在相同热源间的能量转换系统，完成同样的能量转换过程，理想可逆循环具有最高的能量转换效率，是任何实际系统能量转换效率理论上的上限。因此，计算理想可逆循环热泵的性能系数，对评价实际热泵所达到的性能水平具有重要参考作用。

吸收式热泵工作在3个热源之间，而在3个热源之间可以有多种方式建立理想可逆循环。图5-2中给出了两个不同方式的例子，3个热源间可建立两个卡诺循环，一个正循环净吸收热量，输出功率，一个反循环吸收功率，净输入热量。从热力学原理可以知道，工作在相同热源之间不同可逆循环，若其完成同样能量转换过程，热力性能都是等价的，且其热力性能只与热源的温度有关。

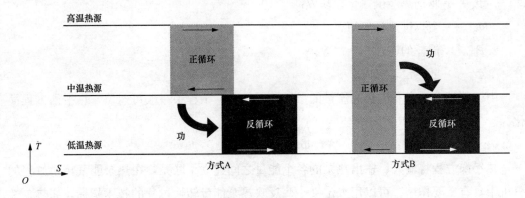

图 5-2　可逆循环热泵的温熵图

以图5-2中的方式B为例，由于系统无对外做功，正循环输出的功率等于反循环输入的功率，故

$$(T_{gw} - T_{dw}) \cdot \Delta S_{zxh} = (T_{zw} - T_{dw}) \cdot \Delta S_{fxh}$$

则有

$$\frac{\Delta S_{fxh}}{\Delta S_{zxh}} = \frac{T_{gw} - T_{dw}}{T_{zw} - T_{dw}}$$

热泵 COP 为反循环在中温热源的放热量与正循环在高温热源的吸热量之比，故有

$$COP = \frac{T_{zw} \cdot \Delta S_{fxh}}{T_{gw} \cdot \Delta S_{zxh}} = \frac{T_{zw} \cdot (T_{gw} - T_{dw})}{T_{gw} \cdot (T_{zw} - T_{dw})} = \frac{1 - \dfrac{T_{dw}}{T_{gw}}}{1 - \dfrac{T_{dw}}{T_{zw}}}$$

式中　T_{gw}——高温热源热力学温度，K；

　　　T_{zw}——中温热源热力学温度，K；

　　　T_{dw}——低温热源热力学温度，K；

　　　ΔS_{zxh}——正循环吸热过程熵增，kJ/K；

　　　ΔS_{fxh}——反循环吸热过程熵增，kJ/K。

使用热泵实际工作的热源名称，可逆循环热泵的性能系数计算公式为

$$COP_{kn} = \frac{1 - \dfrac{T_{yr\_a}}{T_{qd\_a}}}{1 - \dfrac{T_{yr\_a}}{T_{wb\_a}}}$$

式中　COP_{kn}——可逆循环热泵的性能系数；

　　　T_{wb_a}——热网水进出热泵的平均吸热温度，K；

　　　T_{qd_a}——驱动蒸汽在热泵中的平均放热温度，K；

　　　T_{yr_a}——余热蒸汽或余热水在热泵中的平均放热温度，K。

注意公式中使用的必须是热力学温度，当热源温度在换热过程中发生变化时，应该使用平均换热温度。

5. 热泵内效率

任何工作在相同热源间的实际热泵，性能系数必然低于理想可逆循环热泵。即可逆循环热泵性能系数是任何实际热泵性能系数的一个最高极限，反映了给定热源间最高可实现的能量转换程度。故可以将实际热泵的性能系数和这个极限对比来评价实际热泵性能的好坏。热力学中把热泵性能系数与理想可逆循环热泵性能系数的比值称为热泵循环的热力学完善度，即

$$热力学完善度 = \frac{COP}{COP_{kn}}$$

热力学中评价能量转换设备还有一个内效率的概念，是指实际过程输出的能量与同样条件下理想可逆过程输出能量的比值。对于热泵来说，就是要求输入系统的能量相同，各个热源的温度相同，包括驱动热源温度、余热热源温度与热网水温度。通过推导可知，热泵的内效率在数值上等同于热泵的热力学完善度，即

$$\eta_{rb} = \frac{实际过程输出}{理想可逆过程输出} = \frac{\Phi_{rb}}{\Phi_{rb,kn}} \times 100\% = \frac{COP}{COP_{kn}}$$

式中 η_{rb}——热泵内效率；

$\Phi_{rb,kn}$——当驱动热量相同时，相同工作温度下的理想可逆循环热泵的供热量。

根据以上关系可以得到实际热泵性能系数与热泵内效率及相关温度之间关系满足下式，即

$$COP = \eta_{rb} \times COP_{kn} = \eta_{rb} \times \frac{1 - \dfrac{T_{yr\_a}}{T_{qd\_a}}}{1 - \dfrac{T_{yr\_a}}{T_{wb\_a}}}$$

可见热泵性能系数由热泵的内效率、余热工质与驱动蒸汽平均热力学温度的比值、余热工质与热网水平均热力学温度的比值决定。以下提供一个热泵相关性能指标的实例数据供参考，图 5-3 给出了热泵性能系数随各热源温度的变化趋势。

（1）驱动蒸汽平均温度 T_{qd_a}：125.0℃。

（2）余热蒸汽平均温度 T_{yr_a}：35.0℃。

（3）热网水平均温度 T_{wb_a}：65.0℃。

（4）可逆循环热泵的性能系数 COP_{kn}：2.55。

（5）实际热泵性能系数 COP：1.66。

（6）内效率（热力学完善度）η_{rb}：65.2%。

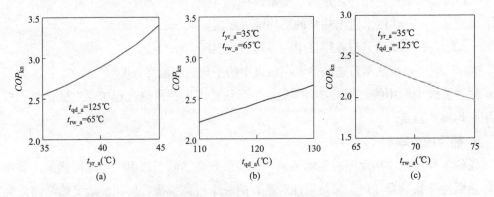

图 5-3 可逆循环热泵 COP 与各热源温度关系曲线

（a）余热热源平均温度影响；（b）驱动热源平均温度影响；（c）热网水平均温度影响

由此可见，性能系数很大程度上受运行参数的影响，通过 COP 评价热泵热力性能时，必须明确各个热源温度。只有在相同的热源温度下，才能使不同热泵的 COP 具有可比性。从这个意义上，COP 实际是评价热泵在具体系统中的能量转换性能的指标。

应该注意，上述曲线显示的是热源温度变化时，工作在该热源温度下可逆循环热泵性能系数的变化，即在该温度下可能达到的性能系数理想极限值的变化。

对于实际热泵，外部热源温度和热泵内部循环温度存在温差，热泵内部循环的参数相对更加稳定。外部热源温度变化时，热泵内部循环温度并不会发生相同程度的变化。在上述温度区间内，实际热泵 COP 随热源温度变化的幅度不超过 0.05，远小于 COP_{kn} 的变化幅度。即表现出热泵内效率发生变化。一般而言，热泵的内效率反映了热泵中由

与传热温差等因素引起的不可逆损失程度。

为提高热泵的热力性能，可以分别从提高热泵的内效率和优化热泵各个热源温度入手。例如，充分考虑实际热泵与理想可逆热泵在不同工况下 COP 变化幅度的差距，结合汽轮机变工况时参数的变化，与热泵达到不同制热量对参数的需求，综合优化选择热泵合理的设计参数，达到在整个供热期间综合能耗最低，可能是热泵供热系统节能设计的一个途径。需要注意，由于驱动蒸汽压力、汽轮机排汽压力变化引起外部热源温度变化时，不仅会影响热泵的性能系数，还会影响汽轮机组的热效率，对供热系统参数进行优化时应进行综合评价。

6. 其他指标

对于热平衡方程中的电功率和散热量，一般采用供热电耗率和散热损失率来评价，定义如下：

(1) 供热电耗率（单耗）是指供热电耗率，单位供热量所消耗的电功率。即

$$L_{D\_rb} = \frac{P_{rb}}{\Phi_{rb}}$$

(2) 散热损失率为

$$\xi_{sr} = \frac{\Phi_{sr}}{\Phi_{qd} + \Phi_{yr} + P_{rb}}$$

为了使用方便，这两个指标所选的基准并不相同。散热损失率是占进入热泵总热流量的份额，进入热泵总热流量减去散热损失后即为热泵的供热热流量，电耗率是耗电量占热泵的供热热流量的份额。

三、 运行统计指标

运行统计指标反映热泵带负荷的整体情况。热泵带负荷的整体情况是影响热泵全年的经济效益及平均性能指标的重要因素。运行统计指标主要包括：

(1) 运行小时数。其是指统计期内热泵处于运行状态的时间，以小时为单位，用 τ_{yx} 表示。

(2) 利用小时数。其是指统计期内热泵的总供热量与设计额定供热热流量的比值，以小时为单位，即

$$\tau_{ly} = \frac{Q_{rb}}{\Phi_{rbe}}$$

式中　τ_{ly}——热泵的利用小时数，h；

$\quad\quad$ Q_{rb}——热泵设计额定供热量，GJ；

$\quad\quad$ Φ_{rbe}——热泵设计额定供热量，GJ/h。

(3) 出力系数。统计期内热泵平均供热热流量占设计额定供热热流量的百分比，即

$$X_{rb} = \frac{Q_{rb}}{\tau_{yx} \cdot \Phi_{rbe}} \times 100\% = \frac{\tau_{ly}}{\tau_{yx}} \times 100\%$$

式中　X_{rb}——热泵（组）的出力系数。

（4）堵管率。热泵某换热器堵塞的换热管根数占总换热管根数的百分比，即

$$L_{dg} = \frac{N_{dg}}{N} \times 100\%$$

式中　L_{dg}——堵管率；

　　　　N_{dg}——堵塞的换热管根数；

　　　　N——总换热管根数。

第三节　供热机组综合指标

一、机组热耗量

1. 汽轮机组热耗量

汽轮机组从外部高温热源吸收的热流量，一般特指主蒸汽、再热蒸汽在锅炉中吸收的热量。对再热机组按下式计算，即

$$\Phi_h = [q_0(h_{zz} - h_{gs}) - q_{gjw}(h_{gjw} - h_{gs})$$
$$+ q_{zr}(h_{zr} - h_{zl}) - q_{zjw}(h_{zjw} - h_{zl})] \times \frac{1}{1000}$$

式中　Φ_h——汽轮机组的热耗量，GJ/h；

　　　　q_{zz}——主蒸汽流量，t/h；

　　　　h_{zz}——主蒸汽比焓，kJ/kg；

　　　　h_{gs}——给水比焓，kJ/kg；

　　　　q_{gjw}——过热减温水流量，t/h；

　　　　h_{gjw}——过热减温水比焓，kJ/kg；

　　　　q_{zr}——再热蒸汽流量，t/h；

　　　　h_{zr}——再热蒸汽比焓，kJ/kg；

　　　　h_{zl}——再热冷段蒸汽比焓，kJ/kg；

　　　　q_{zjw}——再热减温水流量，t/h；

　　　　h_{zjw}——再热减温水比焓，kJ/kg。

2. 供热热耗量

供热热耗量是指汽轮机组用于供热而消耗的热流量，包括从汽轮机组输送到供热设备的所有热流量。其计算式为

$$\Phi_{hgr} = \Phi_{hjr} + \Phi_{hrb} + \Phi_{hgq}$$

式中　Φ_{hgr}——供热热耗量，GJ/h；

　　　　Φ_{hjr}——普通热网加热器供热消耗的热流量，GJ/h；

　　　　Φ_{hrb}——热泵供热消耗的热流量，包括驱动热源和余热热源提供的热流量，GJ/h；

　　　　Φ_{hgq}——直接供汽消耗的热流量，GJ/h。

3. 发电热耗量

汽轮机组热耗量中扣除供热热耗量后，用于发电的热耗量。其计算式为

$$\Phi_{hfd} = \Phi_h - \Phi_{hgr}$$

式中　Φ_{hfd}——发电热耗量，GJ/h。

二、 热耗率

热耗率是评价汽轮机组发电热经济性的技术指标。定义为输出单位电功率所消耗的热量，即

$$HR_{fd} = \frac{3600\Phi_{hfd}}{P_{fd}}$$

式中　HR_{fd}——热耗率，kJ/kWh；

　　　Φ_{hfd}——汽轮机组发电消耗的热量，MW；

　　　P_{fd}——机组发出的电功率，MW。

对于热电联产机组，发电消耗的热量需要扣除对外供热输出的热量，而得到输入发电子系统的净热流量，按下式计算，即

$$\Phi_{hfd} = \Phi_h - \Phi_{hgr}$$

式中　Φ_h——输入汽轮机系统的总热量；

　　　Φ_{hgr}——供热消耗的热流量。

这里供热消耗的热量，包括从汽轮机组输送到供热设备的所有热流量，可能的形式如热网加热器供热、热泵供热、直接供汽。其中各个热流量均采用工质进出系统时的能量变化量进行计算。

由于热电联产机组热耗率受供热量的影响很大，仅通过热耗率不能完整反应机组的整体性能，工程中又引入了热电比、供热比等指标，以对热电联产机组的整体性能进行综合评价。

三、 余热利用指标

余热利用指标可以用作标志热电联产机组余热利用程度的特征参数，是分析热电联产机组性能时的重要参考因素。需要注意的是，若是由于热泵运行需要提高了机组的排汽压力，会使机组排汽余热量增加，利用的余热应该是热泵回收的余热减去这部分增加的余热所得到的净回收余热。

1. 余热供热份额

热泵回收的余热热量占机组总供热热量的百分比，按下式计算，即

$$L_{R\_yr} = \frac{\Phi_{yr} - \Phi_{yrz}}{\Phi_{gr}} \times 100\%$$

式中　L_{R_yr}——余热供热份额；

　　　Φ_{yrz}——由于热泵运行需要，提高机组背压，使机组排汽热量增加的部分；

Φ_{gr}——机组总供热热量。

2. 余热利用率

热泵回收的余热热量占汽轮机组排汽余热总热量的百分比,按下式计算,即

$$\alpha_{yr} = \frac{\Phi_{yr} - \Phi_{yrz}}{\Phi_{jyr} - \Phi_{yrz}} \times 100\%$$

式中　α_{yr}——余热利用率;

Φ_{jyr}——汽轮机组排汽余热总热量。

第四节　热经济性指标

一、供热当量耗电功率

对于热电联产机组来说,当机组抽出一部分蒸汽用来供热时,这部分蒸汽就不再在汽轮机中做功,必然会造成所发出的电功率减少。这部分减少的电功率可以看作输入了供热系统,由于这些能量并非实际以电能的形式输入供热系统,所以将其称为"当量耗电"。

供热当量耗电功率,定义为机组因供热而减少的电功率输出,在输入循环的热量相同的情况下,机组纯凝工况发电功率和热电联产工况发电功率的差值。当量耗电功率按下式计算,即

$$P_{rd} = P_{fd,CN}(\Phi_h) - P_{fd}(\Phi_h, \Phi_{gr})$$

式中　　P_{rd}——当量耗电功率;

$P_{fd,CN}(\Phi_h)$——热耗量为 Φ_h 时,纯凝工况汽轮机组发出的电功率;

$P_{fd}(\Phi_h, \Phi_{gr})$——热耗量为 Φ_h,供热量为 Φ_{gr} 时,热电联产工况发出的电功率。

需要特别强调的是,这里热电联产工况和纯凝工况对比时,采用的是循环吸热量基准,即必须在输入循环的热量相同的条件下进行对比。

公式中 $P_{fd,CN}(\Phi_h)$ 与 $P_{fd}(\Phi_h, \Phi_{gr})$ 的准确数值可通过汽轮机组的变工况计算得到,也可通过试验测量或运行统计得到。试验测量或运行统计时,应对电功率进行必要的修正,所需修正项目和修正方法可以参照汽轮机试验规程中的修正方法。下文给出一种便于工程中使用的近似计算方法,可用于生产中对当量耗电功率进行大致估算。

可以利用供热当量耗电功率,建立机组在热电联产工况与纯凝工况下的发电热耗率之间的关系。

根据热耗率的定义可推导得到下式,即

$$HR_{fd} = HR_{fd,CN} + \frac{P_{rd}}{P_{fd}} HR_{fd,CN} - \frac{3600\Phi_{gr}}{P_{fd}}$$

式中　HR_{fd}——热电联产工况下的发电热耗率;

$HR_{fd,CN}$——纯凝工况下的发电热耗率。

可见，影响热电联产机组发电热耗率的主要因素为供热当量耗电功率与热电联产机组发电功率之比 $\dfrac{P_{\text{rd}}}{P_{\text{fd}}}$，以及供热热流量与热电联产机组发电功率之比 $\dfrac{\varPhi_{\text{gr}}}{P_{\text{fd}}}$。

二、 当量耗电功率近似计算

由于当量耗电功率准确计算较为复杂，下面给出一种近似计算方法。这种近似计算主要关注了汽轮机通流部分的变化，而忽略了由于通流部分压力及流量变化对回热系统的影响，同时忽略通流部分效率的变化，所得到的结果存在一定误差，只是方便现场简单计算，大致评估当量耗电功率的数量级。

为了说明这种近似计算方法，首先回顾一下汽轮机低压部分的膨胀过程线。汽轮机膨胀过程线在供热工况下的变化示意图见图 5-4。受供热抽汽影响，中压缸排汽压力显著低于纯凝工况下的压力，为保证抽汽压力满足供热的需要，通过中低压缸连通管上的蝶阀对低压缸进汽作了节流，同时由于供热的需要提高了低压缸排汽压力。

图中的状态点说明如下：

A——中压缸排汽点，也就是供热抽汽点，其比焓可以直接通过测量的压力温度计算。

B——经过节流后的低压缸进汽点，由于节流过程为等焓过程，其比焓与中压缸排汽比焓相同。

C——纯凝工况下的低压缸排汽点，即低压缸进汽无节流，且未提高排汽压力时的低压缸排汽点。

D——低压缸进汽节流后的排汽点，此时仍为纯凝工况时的排汽压力。

E——低压缸进汽节流后，且提高了排汽压力后的排汽点。

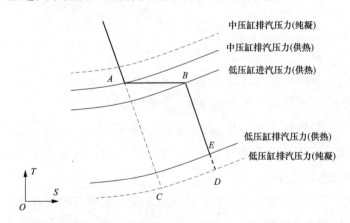

图 5-4 膨胀过程线在供热工况下的变化示意图

根据对膨胀过程线的分析，可将当量耗电功率分成几个部分：供热抽汽减少了在通流部分做功的流量，以及排汽压力提高与低压缸进汽节流造成的损失。由此得到近似计算公式为

$$P_{\text{rd}} \approx P_{\text{rdc}} + P_{\text{rdt}} + P_{\text{rdj}}$$

式中　P_{rdc}——因供热抽汽而减少的电功率输出；

　　　P_{rdt}——因排汽压力提高而减少的电功率输出；

　　　P_{rdj}——因低压缸进汽节流而减少的电功率输出。

为了计算式中几个功率，首先需要确定相关工质的比焓和流量。

过程线上的低压缸排汽点 C、D、E 均可按照试验测量的低压缸效率，根据过程线进行计算。若没有低压缸效率的测量值，也可使用设计值计算。

与过程线相关的流量有供热抽汽流量以及低压缸进汽和排汽流量。其中供热抽汽流量只能通过测量获得。

准确计算低压缸进汽流量需要进行整个机组的热平衡计算，实际应用中也可利用汽轮机变工况原理中热力参数与流量的关系进行计算。当已知某个工况下的压力、温度和流量时，根据弗留盖尔（flügel）公式描述的热力参数和流量关系，可以通过测量压力和温度即可计算当前工况下的流量。计算时可选择热力试验中的工况作为已知工况，计算当前工况；若没有热力试验数据可用，也可使用机组设计工况。

低压缸排汽流量也可采用近似方法求取，如近似认为变工况时低压缸排汽流量与进汽流量的比值不变进行计算。这一假设的准确程度受多种因素影响，有时可能存在较大偏差，为获得更加准确的数据，则需进行低压部分的热平衡计算。

通过汽轮机性能试验可以得到低压缸进汽流量与压力、温度的准确的测量值，运行中可利用某个工况下的试验结果对低压缸进汽与排汽流量进行近似计算，其公式为

$$q_{dj} = q_{dj,T} \times \sqrt{\frac{p_{dj} t_{dj,T}}{p_{dj,T} t_{dj}}}$$

$$q_{dp} = q_{dp,T} \times \frac{q_{dj}}{q_{dj,T}}$$

式中　q_{dj}、$q_{dj,T}$——低压缸进汽流量运行值、试验值，t/h；

　　　q_{dp}、$q_{dp,T}$——低压缸排汽流量运行值、试验值，t/h；

　　　p_{dj}、$p_{dj,T}$——低压缸进汽压力运行值、试验值，MPa；

　　　t_{dj}、$t_{dj,T}$——低压缸进汽温度运行值、试验值，℃。

得到以上比焓和流量后，即可计算公式中的几个因素对电功率的影响：

1. 供热抽汽减少电功率

供热抽汽减少电功率是指由于供热抽汽未完全做功而减少的电功率，其中供热抽汽包括热网加热器抽汽、热泵驱动蒸汽等除汽轮机排汽外的其他各种形式的由机组输入供热系统的抽汽。这部分减少的做功量即为供热抽汽流量由中压缸排汽点到纯凝工况下的低压缸排汽点的做功。

2. 低压缸进汽节流减少电功率

这部分减少的做功量为低压缸进汽流量在节流后损失的做功能力，计算时流量采用低压缸进汽流量，做功能力的损失即为图中 D 点到 C 点的比焓差。

3. 排汽压力提高减少电功率

由于热泵运行需要造成机组排汽压力提高，这部分减少的做功量为低压缸排汽流量由于不能膨胀到原来的压力而损失的做功能力，计算时流量采用低压缸排汽流量，工作能力损失即为图中 E 点到 D 点的比焓差。

计算出汽轮机的做功损失后，需要考虑机械效率和发电机效率，以得到电功率的减少值。具体计算公式为

$$P_{rdc} = q_{gc}(h_A - h_C)\eta_{jx}\eta_{fd}$$
$$P_{rdt} = q_{dp}(h_E - h_D)\eta_{jx}\eta_{fd}$$
$$P_{rdj} = q_{dj}(h_D - h_C)\eta_{jx}\eta_{fd}$$

式中　　　q_{gc}——供热抽汽流量，t/h；

　　　　　q_{dp}——低压缸排汽流量，t/h；

h_A、h_C、h_D、h_E——A、C、D、E 点焓值；

　　　　　η_{jx}——机械效率；

　　　　　η_{fd}——发电机效率。

三、 当量耗电性能系数

1. 概念和定义

有了当量耗电功率的概念之后，将当量耗电功率看作热泵供热系统的输入能量，仿照热泵性能系数的定义，得到当量耗电性能系数，可简称为"耗电性能系数"。按下式计算，即

$$ECOP = \frac{\Phi_{gr}}{P_{rd}}$$

式中　$ECOP$——当量耗电性能系数。

可见 $ECOP$ 即为将 COP 中的输入能量由驱动热源热量替换为供热当量耗电功率，$ECOP$ 越高表明同样供热热流量下机组为供热而减少的电功率越小。

当量耗电性能系数可以理解为，将热电联产机组中的供热部分看作一个独立的子系统，这一子系统输入电功率，输出供热量。作为输入的当量耗电功率并非仅仅是以电能输入供热系统的能量，而是包含由于供热损失的各种功率，如上节所述的抽汽、节流、提高排汽压力等损失的功率。这些功率并非是以实质上的电能输入供热系统的，只是在能量流动的逻辑上可以等价地相当于输入供热系统的电能。

对于不同的供热系统，采用这种方式可以将输入系统的能量统一转换为电能，从而有利于不同供热方式性能互相对比。

将输入供热系统的热量折算为电能时，需要考虑整个汽轮机组的状态，综合反映了热泵和汽轮机组的性能。因此，当量耗电性能系数是机组中供热子系统的整体性能指标，反应了供热子系统的能量转换效率，而不是单纯反应热泵性能的指标。

2. 吸收式热泵与压缩式热泵对比

按照传统技术指标，吸收式热泵 COP 远远低于压缩式热泵。其原因是吸收式热泵和压缩式热泵输入的能量品质具有很大的差别，压缩式热泵输入的是电能，具有完全的有效能；而吸收式热泵输入的是热能，其所包含的有效能随抽汽参数的影响而有差异。而在汽轮机组中供热参数相对是一个较低的参数，其中有效能所占的份额也相对较少，这实际上是造成两种热泵性能系数差别较大的本质原因。

实际计算了某典型热泵供热系统，热泵的 COP 为 1.66，而 $ECOP$ 为 5.62。处在相同工作参数下的压缩式热泵 COP 为 3～4，对于电驱动的压缩式热泵，其 $ECOP$ 即为 COP。可见吸收式热泵在热经济性上是优于压缩式热泵的。典型抽汽供热系统的 $ECOP$ 也可达到 5。

而通过 $ECOP$ 可以更准确地对比这两种热泵的性能差距，这也说明了有效能兼容指标在分析供热系统性能时的有效性。

四、 热电联产机组整体性能

$ECOP$ 反应了热电联产系统中供热过程的性能，在此基础上提出一种评价热电联产机组整体性能的热经济性指标，以期能够反映机组整体能量转换效率。

(一) 基本原理

由于热电联产机组输出的能量有热和电两种形式，为建立评价机组整体能量转换性能的指标，必须采用某种方式将热和电统一起来。从能量的角度来说，比较实际的是建立一种方法将供热量折算为电能。

综合分析，可以通过建立一个标准的供热系统，直接或间接地消耗电能来供热。标准供热系统供热时直接或间接消耗的电能，就是该系统的当量耗电功率，由此即可将供热量折算为电功率。为使用方便，标准供热系统的有效能损失应尽可能小，以使在供热量相同时，任何实际供热系统的当量耗电功率均高于基准供热系统。这个标准系统可以作为对比不同供热系统的一个基准，通过对比可以反应实际系统当量耗电功率增加的程度，因此，可将这一标准供热系统称作基准供热系统。

(二) 基准供热系统

如前所述，在建立热电联产机组热电综合能耗指标时，可以采用一个基准供热系统将供热量折算为电功率。基准供热系统可以作为一个理想化的最佳供热系统，用作评价实际供热系统的性能的对比基准。根据前文讨论可得，基准供热系统应该具有以下特点：

(1) 只需给定系统输出的供热量及其参数，即可唯一确定系统输入的电功率，且与实际供热系统无关。

(2) 作为系统输入的电能，可以是供热当量耗电功率的形式，即系统由于供热而减少的发电量。

(3) 并不要求这是一个可逆系统。

（4）系统的有效能损失应尽可能小，任何实际供热系统的当量耗电功率总是大于基准系统。

（5）计算尽量简单。以下说明一种构建基准供热系统的方法。假设从汽轮机中抽出恰好与热网水温度匹配的抽汽，对热网水进行逐级加热，每次将热网水的温度提高一个很小的温升。当抽汽级数逐渐增加至无穷级，且抽汽饱和温度总是等于热网水温，形成一个连续的无温差的加热过程，从而实现近似可逆的加热过程。然而这种连续加热过程中抽汽量及抽汽造成汽轮机做功的减少的计算均比较复杂，考虑对这个系统并非要求绝对精确，为此对系统进行进一步的简化。假设从汽轮机中只抽出一股抽汽，这股抽汽的饱和温度等于热网水平均吸热温度。至此，可以给出这个基准供热系统的完整描述，通过供热抽汽加热热网水，供热抽汽压力下的饱和温度恰好等于热网水平均吸热温度的虚拟供热系统。

通过汽轮机组热平衡计算可以得到基准供热系统所需抽汽的流量和比焓，继而按下式计算基准供热过程当量耗电功率。计算时须考虑发电机损失与机械损失，即

$$P_{rd,r} = \frac{q_{gc,r}(h_{gc,r} - h_C)}{3600}\eta_{jx}\eta_{fd}$$

式中　$q_{gc,r}$——基准供热过程供热抽汽流量；

　　　$h_{gc,r}$——基准供热过程供热抽汽比焓。

可以看出，这一系统中仍存在不可逆损失，并非一个可逆系统，但任何实际系统已不可能具有更小的不可逆损失，可以满足作为基准供热系统的要求。

基准供热系统当量耗电功率主要取决于热网回水温度和热网供水温度。在不同机组或不同工况进行对比时，应根据具体情况决定是否需要修正到相同供热温度。

需要说明的是，基准供热系统构建方法并非唯一，可逆供热系统也可以作为一种基准供热系统，在实际应用中可能逐渐发展出其他更加有效的基准供热系统。

（三）机组整体性能指标

1. 发电全热耗率

首先将供热量从循环吸热量中扣除后得到发电热耗量，进而加上供热过程相对基准供热过程增加的当量耗电功率，作为发电消耗的热量，称为发电全热耗率。计算公式为

$$HR_{\vartheta fd} = \frac{3600 \times (\Phi_{hfd} + P_{rd} - P_{rd,r})}{P_{fd}}$$

式中　$HR_{\vartheta fd}$——发电全热耗率，kJ/kWh；

　　　$P_{rd,r}$——基准供热过程当量耗电功率，MW。

其中，$P_{rd} - P_{rd,r}$是实际供热过程相对基准供热过程增加的当量耗电功率，反应了实际供热过程为了供热而额外损失的能量。将这部分能量计入发电的消耗，虽然形式上仍然是发电指标，但指标实际上综合反映了发电和供热的整体损失。

2. 供热热耗损失

供热热耗损失是指热电联产机组发电全热耗率相对于发电热耗率的升高量，反映供

热过程能量品质损失程度。按下式计算，即

$$\Delta HR_{\vartheta fd} = HR_{\vartheta fd} - HR_{fd}$$

式中　$\Delta HR_{\vartheta fd}$——供热热耗损失，kJ/(kW·h)。

3. 综合热耗率

利用基准供热系统建立热电联产的整体评价指标还可以采用其他方式，并通过生产实践中的使用检验其是否能够有效指导实际工作，以下构建的综合热耗率可作为一种选择。

采用基准供热系统将供热量折算为电功率后，再与系统输出的电功率相加，用于计算机组的热耗率，这一热耗率可作为反映热电联产机组整体能量转换效率的性能指标，可称为热电联产机组的综合热耗率。其计算公式为

$$HR_{\sigma} = \frac{3600\Phi_h}{P_{fd} + P_{rd,r}}$$

式中　HR_{σ}——热电联产机组综合热耗率，kJ/(kW·h)。

由于实际供热系统当量耗电功率总是大于基准供热系统，所以上式中的 $P_{fd} + P_{rd,r}$ 总是小于机组纯凝发电功率，于是综合热耗率总是高于纯凝热耗率。综合热耗率的增加在某种程度上可以反映供热系统中的有效能损失的程度。同样也可建立综合热耗率与纯凝热耗率之差表示的供热热耗损失。

五、 节能量计算

节能量是指一项技术措施实施后能源消耗量的减少，同样的原理也适用于对不同技术方案能耗水平进行横向对比。

1. 节能量的概念

虽然节能量的概念可能显得比较简单，在实际工作中，却很容易出现由于概念不清而造成节能量计算不当。正是由于节能量计算的重要性，为规范和统一计算方法，国家发布了相关的技术标准，其中主要有 GB/T 13234《用能单位节能量计算方法》、GB/T 2589《综合能耗计算通则》。根据 GB/T 13234，节能量是指满足同等需要或达到相同目的的条件下，使能源消费减少的数量。

"满足同等需要或达到相同目的"有两个层次，其一是从供给侧考虑，机组向外部供出相同的电和热以满足外部市场需求的条件下进行评价，其二是从需求侧考虑，如为满足用户取暖的需求，在达到相同的室内温度的条件下进行评价。以全社会的角度考虑，在需求侧层面考虑是更加根本的，但若某项技术措施仅仅影响电厂内部，此时可将问题适当简化，以机组对外供出相同的电和热为边界。

"能源消费减少"隐含指出节能量是将两个对象的能源消费进行对比的结果，即计算时首先要明确对比的对象。实际操作中，有时在计算节能量时产生的一些争议只要简单地明确对比的对象，就可以很容易地解决。

可见，节能量计算有两个要点：

（1）要明确对比的对象。在这里，对比的对象是两个输出电能和热量的生产系统，

可能是改造前后的系统，也可能是在改造时提出的不同的改造方案。

（2）要在相同产出的情况下对比。当改造后系统的产能增加的情况下，相同的产出应为改造之后的产出。若改造前的系统无法达到相同产能，则需要增加辅助生产系统使其达到相同产能。

这两个要点很容易理解，也很简单，但在实践中却也很容易被忽视，甚至造成一些项目的节能量计算错误，应引起重视。

对于热电联产机组，节能量定义为机组在改造后的发电量和供热量下，与改造前的机组及必要的辅助生产系统在同一发电量和供热量时相比，减少的标准煤消耗量。按下式计算，即

$$\Delta B = \frac{(\varPhi_{h2} - \varPhi_{h1})}{29307\eta_{gl}\eta_{gd}} \times \tau_{yx}$$

式中　ΔB——节能量（标准煤），t；

$\varPhi_{h1}$、$\varPhi_{h2}$——改造前、改造后的热耗率，kJ/（kW·h）；

η_{gl}——锅炉效率；

η_{gd}——管道效率；

τ——运行小时数。

根据 GB/T 2589《综合能耗计算通则》，计算综合能耗以及节能量时，都要将能量折算为标准煤当量，标准煤的低位发热量规定为 29307kJ/kg。

2. 相同产出系统构建

计算节能量时要在相同产出的情况下对比。这一要求对于改造前后供热能力基本不变的情况是很容易满足的，可以直接进行节能量的对比。而很多情况下，供热改造前后机组的供热能力会发生变化，甚至是从纯凝改为供热这种从无到有的变化，热泵改造、背压供热改造等都会增加机组的供热能力。有些情况下又需要对比两种供热改造技术，而这两种技术的供热能力具有较大的差别。在这些情况下，往往由于计算过程中没有明确规定节能量计算的两个要点，而造成评价结果的偏差。因此，需要建立一个"相同产出系统"作为热电分产对比的基准。

在热电联产技术的发展初期，对这种情况的处理有一个惯例，即认为热电联产机组的供热量替代了直接供热区域小锅炉的供热量。也就是说，新的系统是一台热电联产机组，原有系统是一台纯凝机组加上相应容量的供热锅炉，而两个系统的总发电量和总供热量相同，在这个条件下计算的节能量。为总结出更通用的技术方法，对上述方法所包含的技术原理进行分析可得，当两个系统的供热能力不同时，需要引入一个参照系统，使两个系统达到相同的供热能力，而这个参照系统应该能够代表原有的供热系统应有的能耗水平。在这里"应有"能耗水平是这个方法合理性的关键，对不同的项目可能存在差别。

在实践中建议相关各方经过认真探讨，根据具体情况选择能代表原有系统应有能耗水平的参照系统作为节能量的对比基准。对于具体项目，根据项目建设的背景有些项目本身就具有明显的替代供热方式，可以自然地成为分析节能量的参照供热方式，即使没

有自然的替代供热方式，只要关注到了这个问题，这个参照系统也是容易确定的。在选择作为参照的供热方式时，除了区域供热小锅炉之外，至少还应考虑以下选择：

（1）抽汽供热：抽汽供热是传统热电联产供热的主流方式，代表着现有供热技术应该达到的基本性能。而且，实际上一些电厂在实施供热改造之时，也存在着一种选择，是增加某台机组的供热能力，还是采用其他机组增加抽汽提高全厂供热能力。

（2）电驱动的压缩式热泵供热：电驱动压缩式热泵系统简单，使用方便，即可用于集中布置，也可分布式布置在需要供热的用户端，构成一种热电分产系统。但与区域供热锅炉相比，在热力学上具有更高的能量利用率，可以作为当前技术条件下的热电分产模型。如果某种热电联产方式的整体热经济性不能超过这种方式，那么从一定意义上来说，也就可以看作不具有良好的节能技术优势。

如当进行某项供热技术改造项目论证时，若增加了机组原有的供热能力，为评价改造的节能量，传统的方式是将增加的节能量看作替代了若干区域供热锅炉，而实际情况却可能是一个电厂某台机组改造增加了供热能力，而电厂整体对外供热量没有相应幅度的增加，其中一部分增加的供热量是替代了该厂其他机组抽汽供热。而对外供热增加的部分，也不是替代了区域供热锅炉，而是替代了原有用户使用的压缩式热泵集中供热系统，或家用空调器供热方式。此时，根据实际情况选择适当的参考系统来完成节能量评估是更加合理的。即使对于完全新增的供热量，也应将电驱动的压缩式热泵作为一种可能的对比方案，进行技术经济比较。

不同热电联产方案之间若存在供电能力的差别也可按照类似原则进行处理。

3. 统计期内整体节能

能量等于功率与时间的乘积，在节能量的计算中，统计期作为时间因素是需要关注的另一重要方面。统计期内机组输出的电功率和供热量负荷均是不断变化的，机组运行参数和运行方式也是随时波动的，这些参数的波动都会影响机组的能耗指标。因此，计算改造的节能量时不能仅在设计额定工况下进行分析，必须根据机组实际运行负荷情况计算统计期内总体节能量或平均节能量。由于电厂热电负荷都具有明显的季节性，所以统计期一般需要按一年来计算。实际运行负荷情况包括机组在各个负荷下的运行时间。完全按照全年真实的负荷波动计算，则计算量过大，并不现实。况且由于机组运行负荷存在一定不确定性，这样精确计算既无必要，也无实际意义。实际工作中，可采用简化方法处理，但应注意简化方法不应影响分析的准确性。

综上所述，节能量的计算必须考虑统计期内实际负荷情况，在满足必要的分析精度情况下可适当进行简化处理。以下讨论一种简化计算方法。

对于单纯发电机组，可以建立一个简化的负荷模型，即选定几个电功率负荷点，根据全年实际运行情况将总的运行时间分配到这几个负荷点上，并满足所得到的总的发电量等于实际发电量。在这几个负荷点上分别计算改造后的节能量，按照发电量加权计算全年总节能量或平均节能量。对于热电联产机组，则需要划分为供热期和非供热期。对于非供热期，仍采用上述负荷模型的方式。而在供热期间不仅有电功率负荷，在每个电功率负荷下，还有不同的供热量负荷，负荷模型成为二维模型，计算工作量大幅增加。由于实际运行的不确定性，获得一个与实际情况一致的二维负荷模型也更加困难，同时也更难以保证分析结果的准确性。

采用传统的发电热耗率指标进行计算时，由于发电热耗率受供热量的影响很大，所建立的热电负荷模型与实际情况的偏差也会对分析结果造成更大影响。此时采用电、热串联生产模型可以有效降低建立负荷模型的难度。原有热电联产系统是一个输入高温热能，输出电能和用于供热的低温热能的系统。将原有系统等价地转换为两个串联的子系统，第一个子系统输入高温热能，输出电能；第二个子系统输入电能，输出用于供热的低温热能。对发电子系统与供热子系统分别建立负荷模型。发电子系统仍然按照前述纯凝发电系统的方式分析。供热子系统可以参照发电子系统的处理方式，使用几个供热负荷点建立负荷模型，首先计算各个负荷点上的能耗变化，再通过加权平均计算平均能耗变化。

对于运行参数及运行方式对能耗的影响，需视区别情况采用不同的方式处理。对可调整的运行参数，应修正到同一基准进行对比；对于不可调整的参数，则应根据具体情况，采用修正、平均等方式进行处理。

第五节 技术指标算例

本节算例仅为说明技术指标的算法，为简便起见，以无再热、回热系统的直接空冷汽轮机组为例。机组的原则性热力系统如图 5-5 所示。

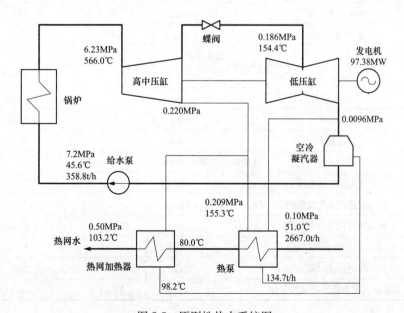

图 5-5 原则性热力系统图

（一）计算输入参数

计算输入参数见表 5-1。

表 5-1 计 算 输 入 参 数

参数名称	符号	单位	数值
测量参数			
发电机功率	P_{fd}	MW	97.38
主蒸汽压力	p_{zz}	MPa	6.23
主蒸汽温度	t_{zz}	℃	566.0
供热抽汽压力	p_{gc}	MPa	0.220
驱动蒸汽压力	p_{qd}	MPa	0.209
驱动蒸汽温度	t_{qd}	℃	155.3
低压缸进汽压力	p_{dj}	MPa	0.186
低压缸进汽温度	t_{dj}	℃	154.4
低压缸排汽压力	p_{dp}	MPa	0.0096
给水压力	p_{gs}	MPa	7.2
给水温度	t_{gs}	℃	45.6
给水流量	q_{gs}	t/h	358.8
热泵疏水流量	q_{rbs}	t/h	134.7
热网加热器疏水温度	t_{jrs}	℃	98.2
热泵热网水进口压力	p_{wbj}	MPa	0.10
热泵热网水进口温度	t_{wbj}	℃	51.0
热泵热网水出口温度	t_{wbc}	℃	80.0
热网供水压力	p_{wg}	MPa	0.50
热网供水温度	t_{wg}	℃	103.2
热网水流量	q_{rw}	t/h	2667.0
给定参数			
机械效率	η_{jx}		0.995
发电机效率	η_{fd}		0.983
锅炉效率	η_{gl}		0.920
管道效率	η_{gd}		0.985
性能试验结果与运行数据			
低压缸效率试验值	$\eta_{dy,T}$		0.915
低压缸进汽流量试验值	$q_{dj,T}$	t/h	353.4
低压缸进汽压力试验值	$p_{dj,T}$	MPa	0.404
低压缸进汽比容试验值	$v_{dj,T}$	m³/kg	0.544
年运行小时数	τ_{xy}	h	2620.0
未提排汽压力低压缸排汽压力	$p_{dp,wt}$	MPa	0.005

根据水和水蒸气热力性质计算工质热力参数见表 5-2。

表 5-2   计算得到的工质热力性质参数

参数名称	符号	单位	数值
主蒸汽比焓	h_{zz}	kJ/kg	3574.6
驱动蒸汽比焓	h_{qd}	kJ/kg	2778.7
低压缸进汽比焓	h_{dj}	kJ/kg	2778.7
低压缸进汽比容	v_{dj}	m³/kg	1.043
低压缸排汽等熵比焓	h_{S_dp}	kJ/kg	2319.3
未提排汽压力低压缸排汽等熵比焓	$h_{S\_dp,wt}$	kJ/kg	2237.1
无进汽节流低压缸排汽等熵比焓	$h_{S\_dp,wj}$	kJ/kg	2295.3
无进汽节流未提排汽压力低压缸排汽等熵比焓	$h_{S\_dp,wjt}$	kJ/kg	2213.9
给水比焓	h_{gs}	kJ/kg	197.0
热泵疏水比焓	h_{rbs}	kJ/kg	188.5
驱动蒸汽疏水比焓	h_{qdn}	kJ/kg	188.5
供热抽汽比焓	h_{gc}	kJ/kg	2778.7
热网加热器疏水比焓	h_{jrs}	kJ/kg	411.5
热泵热网水进口比焓	h_{wbj}	kJ/kg	213.5
热泵热网水出口比焓	h_{wbc}	kJ/kg	335.0
热网供水比焓	h_{wg}	kJ/kg	432.9

(二) 汽轮机参数

汽轮机低压缸排汽比焓 h_{dp}，可由试验的低压缸效率计算，即

$$h_{dp} = h_{dj} - \eta_{dy,T}(h_{dj} - h_{S\_dp})$$
$$= 2778.7 - 0.915 \times (2778.7 - 2319.3) = 2358.4(\text{kJ/kg})$$

同理，排汽压力未提高时的汽轮机低压缸排汽比焓 $h_{dp,wt}$ 为

$$h_{dp,wt} = h_{dj} - \eta_{dy,T}(h_{dj} - h_{S\_dp,wt})$$
$$= 2778.7 - 0.915 \times (2778.7 - 2237.1) = 2283.1(\text{kJ/kg})$$

无进汽节流时的低压缸排汽比焓 $h_{dp,wj}$ 为

$$h_{dp,wj} = h_{dj} - \eta_{dy,T}(h_{dj} - h_{S\_dp,wj})$$
$$= 2778.7 - 0.915 \times (2778.7 - 2295.3) = 2336.4(\text{kJ/kg})$$

低压缸进汽无节流，且未提高排汽压力时的低压缸排汽比焓 $h_{dp,wjt}$ 为

$$h_{dp,wjt} = h_{dj} - \eta_{dy,T}(h_{dj} - h_{S\_dp,wjt})$$
$$= 2778.7 - 0.915 \times (2778.7 - 2213.9) = 2261.9(\text{kJ/kg})$$

进入低压缸的蒸汽流量 q_{dj}，根据弗留盖尔（flügel）公式计算，即

$$q_{dj} = q_{dj,T} \times \sqrt{\frac{p_{dj}v_{dj,T}}{p_{dj,T}v_{dj}}} = 353.4 \times \sqrt{\frac{0.186 \times 0.544}{0.404 \times 1.043}} = 173.2(\text{t/h})$$

低压缸排汽流量 q_{dp}，由于低压缸无抽汽，根据低压缸流量平衡有

$$q_{dp} = q_{dj} = 173.2\text{t/h}$$

（三）机组指标

主蒸汽流量 q_{zz}，根据锅炉流量平衡可得

$$q_{zz} = q_{gs} = 358.8 \text{t/h}$$

汽轮机组热耗量 Φ_h 为

$$\Phi_h = \frac{q_{zz}(h_{zz} - h_{gs})}{1000} = \frac{358.8 \times (3574.6 - 197.0)}{1000} = 1212.0(\text{GJ/h})$$

热泵的供热热流量 Φ_{rb} 为

$$\Phi_{rb} = \frac{q_{rw}(h_{wbc} - h_{wbj})}{1000} = \frac{2667.0 \times (335.0 - 213.5)}{1000} = 323.9(\text{GJ/h})$$

机组供热热流量 Φ_{gr}，根据热网水能量变化计算，则

$$\Phi_{gr} = \frac{q_{rw}(h_{wg} - h_{wbj})}{1000} = \frac{2667.0 \times (432.9 - 213.5)}{1000} = 585.0(\text{GJ/h})$$

供热热耗量 Φ_{hgr}，忽略供热系统的热损失，根据供热能量平衡可得

$$\Phi_{hgr} = \Phi_{gr} = 585.0 \text{GJ/h}$$

发电热耗量 Φ_{hfd} 为

$$\Phi_{hfd} = \Phi_h - \Phi_{hgr} = 1212.0 - 585.0 = 627.0(\text{GJ/h})$$

机组发电热耗率 HR_{fd} 为

$$HR_{fd} = \frac{1000\Phi_{hfd}}{P_{fd}} = \frac{1000 \times 627.0}{97.38} = 6439.2(\text{kJ/kWh})$$

（四）热泵指标

热泵的驱动蒸汽流量 q_{qd}，根据热泵的热平衡与流量平衡可求解为

$$q_{qd} = \frac{1000\Phi_{rb} - q_{rbs}(h_{dp} - h_{rbs})}{h_{qd} - h_{dp}}$$

$$= \frac{1000 \times 323.9 - 134.7 \times (2358.4 - 188.5)}{2778.7 - 2358.4} = 75.33(\text{t/h})$$

热泵的驱动热流量 Φ_{qd} 为

$$\Phi_{qd} = \frac{q_{qd}(h_{qd} - h_{qdn})}{1000} = \frac{75.33 \times (2778.7 - 188.5)}{1000} = 195.1(\text{GJ/h})$$

热泵的余热热流量 Φ_{yr}，根据热泵的能量平衡方程计算为

$$\Phi_{yr} = \Phi_{rb} - \Phi_{qd} = 323.9 - 195.1 = 128.8(\text{GJ/h})$$

热泵性能系数 COP，忽略热泵消耗的电功率，可得

$$COP = \frac{\Phi_{rb}}{\Phi_{qd}} = \frac{323.9}{195.1} = 1.66$$

（五）余热利用指标

由于热泵运行需要，提高机组背压，使机组排汽热流量增加的部分 Φ_{yrz} 为

$$\Phi_{yrz} = \frac{q_{dp}(h_{dp} - h_{dp,wt})}{1000} = \frac{173.2 \times (2358.4 - 2283.1)}{1000} = 13.0(\text{GJ/h})$$

余热供热份额 L_{R_yr} 为

$$L_{R\_yr} = \frac{\Phi_{yr} - \Phi_{yrz}}{\Phi_{hgr}} \times 100\% = \frac{128.8 - 13.0}{585.0} \times 100\% = 19.8\%$$

汽轮机轴功率 P_{zg}，由电功率考虑相关损失计算得

$$P_{zg} = \frac{P_{fd}}{\eta_{jx}\eta_{fd}} = \frac{97.38}{0.995 \times 0.983} = 99.56 (\text{MW})$$

机组向环境排放的热流量 Φ_{pf}，由汽轮机能量平衡可得

$$\Phi_{pf} = \Phi_h - \Phi_{hgr} - 3.6P_{zg} = 1212.0 - 585.0 - 3.6 \times 99.56 = 268.6 (\text{GJ/h})$$

机组余热总热流量 Φ_{jyr} 为余热供热部分与排放部分之和，则

$$\Phi_{jyr} = \Phi_{yr} + \Phi_{pf} = 128.8 + 268.6 = 397.4 (\text{GJ/h})$$

余热利用率 α_{yr} 为

$$\alpha_{yr} = \frac{\Phi_{yr} - \Phi_{yrz}}{\Phi_{jyr} - \Phi_{yrz}} \times 100\% = \frac{128.8 - 13.0}{397.4 - 13.0} \times 100\% = 30.1\%$$

（六）供热当量耗电功率

1. 热平衡计算

按照机组变工况计算的方法计算机组纯凝工况时的发电功率 $P_{fd,CN}$，由于计算方法比较复杂，一般需要专业技术人员完成，此处给出计算结果为

$$P_{fd,CN} = 126.30 \text{MW}$$

供热当量耗电功率 P_{rd} 为

$$P_{rd} = P_{fd,CN} - P_{fd} = 126.30 - 97.38 = 28.92 (\text{MW})$$

2. 当量耗电功率近似计算

低压进汽节流减少电功率 P_{rdj} 为

$$P_{rdj} = \frac{q_{dj}(\Delta h_{dy,wj} - \Delta h_{dy})}{3600} \times \eta_{jx}\eta_{fd} = \frac{q_{dj}(h_{dp} - h_{dp,wj})}{3600} \times \eta_{jx}\eta_{fd}$$

$$= \frac{173.2 \times (2358.4 - 2336.4)}{3600} \times 0.995 \times 0.983 = 1.04 (\text{MW})$$

排汽压力提高减少电功率 P_{rdt} 为

$$P_{rdt} = \frac{q_{dp}(\Delta h_{dy,wjt} - \Delta h_{dy,wj})}{3600} \times \eta_{jx}\eta_{fd} = \frac{q_{dp}(h_{dp,wj} - h_{dp,wjt})}{3600} \times \eta_{jx}\eta_{fd}$$

$$= \frac{173.2 \times (2336.4 - 2261.9)}{3600} \times 0.995 \times 0.983 = 3.50 (\text{MW})$$

热网加热器进汽流量 q_{jr}，根据热网加热器热平衡计算，则

$$q_{jr} = \frac{q_{rw}(h_{wg} - h_{wbc})}{h_{gc} - h_{jrs}} = \frac{2667.0 \times (432.9 - 335.0)}{2778.7 - 411.5} = 110.3 (\text{t/h})$$

供热抽汽流量 q_{gc} 为

$$q_{gc} = q_{qd} + q_{jr} = 75.33 + 110.3 = 185.6 (\text{t/h})$$

供热抽汽损失电功率 P_{rdc} 为

$$P_{rdc} = \frac{q_{gc}(h_{gc} - h_{dp,wjt})}{3600} \times \eta_{jx}\eta_{fd}$$

$$= \frac{185.6 \times (2778.7 - 2261.9)}{3600} \times 0.995 \times 0.983 = 26.06(MW)$$

近似计算供热当量耗电功率 $P_{rd,js}$ 为

$$P_{rd,js} = P_{rdj} + P_{rdt} + P_{rdc} = 1.04 + 3.50 + 26.06 = 30.60(MW)$$

计算结果显示近似计算所得供热当量耗电功率与热平衡计算结果偏差不大。

（七）供热经济性指标

当量耗电性能系数 $ECOP$ 为

$$ECOP = \frac{\Phi_{gr}}{3.6P_{rd}} = \frac{585.0}{3.6 \times 28.92} = 5.62$$

由水蒸气热力性质可计算基准工况相关参数。基准供热过程供热抽汽压力 $p_{gc,r}$，按热网水平均温度对应的饱和压力计算，即

$$p_{gc,r} = 0.042MPa$$

基准供热过程供热抽汽比焓 $h_{gc,r}$，按汽轮机过程线计算，即

$$h_{gc,r} = 2524.6kJ/kg$$

基准供热过程热网加热器疏水比焓 $h_{jrs,r}$，按疏水温度达到热网回水温度计算，即

$$h_{jrs,r} = 213.5kJ/kg$$

基准供热过程供热抽汽流量 $q_{gc,r}$，根据热网加热器热平衡计算，即

$$q_{gc,r} = \frac{1000\Phi_{gr}}{h_{gc,r} - h_{jrs,r}} = \frac{1000 \times 585.0}{2524.6 - 213.5} = 253.1(t/h)$$

基准供热过程当量耗电功率 $P_{rd,r}$ 为

$$P_{rd,r} = \frac{q_{gc,r}(h_{gc,r} - h_{dp,wjt})}{3600} \times \eta_{jx}\eta_{fd}$$

$$= \frac{253.1 \times (2524.6 - 2261.9)}{3600} \times 0.995 \times 0.983 = 18.1(MW)$$

发电全热耗率 ϑ_{fd} 为

$$\vartheta_{fd} = \frac{1000\Phi_{hfd} + 3600(P_{rd} - P_{rd,r})}{P_{fd}}$$

$$= \frac{1000 \times 627.0 + 3600 \times (28.92 - 18.1)}{97.38} = 6840.7[kJ/(kW \cdot h)]$$

供热热耗损失 $\Delta\vartheta_{gr}$ 为

$$\Delta\vartheta_{gr} = \vartheta_{fd} - HR_{fd} = 6840.7 - 6439.2 = 401.4[kJ/(kW \cdot h)]$$

与仅采用抽汽供热的热电联产方式对比计算热泵供热年节能量。经计算在相同供热热流量与发电功率的情况下，抽汽供热的发电热耗率 $HR_{fd,c}$ 为

$$HR_{fd,c} = 7196.2kJ/(kW \cdot h)$$

年节能量 ΔB（标准煤）为

$$\Delta B = \frac{P_{fd}(HR_{fd,c} - HR_{fd})}{29307\eta_{gl}\eta_{gd}} \times \tau_{yx} = \frac{97.38 \times (7196.2 - 6439.2)}{29307 \times 0.920 \times 0.985} \times 2620.0 = 7272.0(t)$$

（八）技术指标汇总

通过以上计算得到机组各项技术指标，汇总见表 5-3。

表 5-3　　　　　　　　　　　计算所得技术指标汇总

参数名称	符号	单位	数值
余热供热份额	L_{R_yr}	％	19.8
余热利用率	α_{yr}	％	30.1
发电热耗率	HR_{fd}	kJ/(kW・h)	6439.2
当量耗电功率	P_{rd}	MW	28.92
当量耗电功率（近似值）	$P_{rd,js}$	MW	30.60
低压进汽节流减少电功率（近似值）	P_{rdj}	MW	1.04
排汽压力提高减少电功率（近似值）	P_{rdt}	MW	3.50
供热抽汽减少电功率（近似值）	P_{rdc}	MW	26.06
当量耗电性能系数	$ECOP$		5.62
发电全热耗率	ϑ_{fd}	kJ/(kW・h)	6840.7
供热热耗损失	$\Delta\vartheta_{gr}$	kJ/(kW・h)	401.4
年节能量（标准煤）	ΔB	tce	7272.0

第六章

热泵安装与试运

本章主要介绍了热泵及其主要附属系统设备安装的技术工艺要求、作业流程和有关注意事项。重点对热泵本体安装施工进行了说明。对安装投运前热泵供热系统的调试方法和试运步骤进行了介绍。

第一节　安　装　施　工　准　备

采用吸收式热泵回收余热对于大多数火力发电厂属于技术改造工程，需要在原有的设备、系统实施，具有作业环境复杂、交叉作业多、工期短等特点，施工准备工作的好与差，直接影响整个工程的安全、质量和进度。因此，必须根据设计图纸、施工期限、各项技术经济指标、施工人员技术水平、施工机械配置情况以及现场条件等因素，做好施工组织设计。

一、施工组织准备

施工组织设计应包括以下主要内容：

（1）说明部分：包括编制整个项目施工组织设计的依据、大型设备吊装方案、起重机械的选择、设备预检修与组织场地等。

（2）工程进度计划：包括设备和部件安装程序、各程序所需劳动力以及主要设备安装、分部试运和整套试运的控制日期。

（3）起重、运输设备，安装材料与施工机具清单以及起重作业方法。

（4）施工区平面布置图：包括仓库、设备组合场地、现场临时建筑、交通运输路线以及水、电、汽、压缩空气和氧气、乙炔等各种消耗性能源的取点。

（5）主要设备安装的技术措施与工艺卡或作业指导书。

热泵安装施工在符合以上原则的基础上根据不同的实际情况，作出工程进度、劳动力组织、机具配置、场地布置、施工技术组织等各项安排。

二、施工进度

施工进度的安排应考虑以下因素：规定的投产日期、土建移交日期、主设备到货日期及主要加工件完成日期。热泵安装的主要控制进度有：

（1）热泵主设备及管道基础。

（2）热泵主设备安装前试验、组合就位。

（3）热网水管道、抽汽管道、余热蒸汽（水）管道等主要汽水管路安装。

（4）电气仪表系统安装。

（5）辅助设备系统安装。

（6）调试试运。

三、 劳动力组织

根据工程进度合理地组织和安排劳动力，避免发生窝工或人力不足，对安装质量和速度有着重要的意义。施工人员和技术力量的组织主要依据工作量大小、技术要求的高低和施工任务的轻重缓急合理配置。

四、 场地布置

热泵安装的施工场地主要包括管道和钢结构预制场地、喷砂场地、材料堆放场地、土方堆放场地，条件允许的情况下场地应集中布置，便于管理，也可分开布置，但要方便设备及材料的运输；施工场地应配备起吊设备，一般采用门式吊。

五、 施工技术组织

施工前必须认真地核对图纸，学习制造厂和施工单位提供的技术资料，了解设备构造特点以及熟悉各管路系统等。

安装前应具备的技术资料包括设备的出厂合格证明书，制造厂提供的有关重要零件和部件的制造、装配等质量检验证书及设备的试运转记录，设备安装平面布置图、安装图、基础图、总装配图、主要部件图、易损零件图及安装使用说明书，设备装箱清单，安装施工图纸的三方会审记录，编制审批后的安装作业指导书和安装工程施工组织措施、技术措施、安全措施以及施工方案、应急预案。

安装所需的材料、机具应按照已审定的图纸提出预算，主要有三大类，第一类是安装用材料和设备，管道、型钢、支吊架、阀门等；第二类是消耗性材料，如焊条、氧气、乙炔等；第三类是电焊机和运输车辆等专用机具和工具。

第二节 热 泵 安 装

一、 热泵机房的基本要求

热泵应安装在室内，确因条件限制时可安装在室外。安装在室外时，热泵本体、控制箱、测量控制仪表、蒸汽调节阀和管道阀门等应有防雨、防风、防冻、防腐蚀和减少热损失等措施。

为便于设备运行、维护，热泵机房应具备良好的通风和采光条件和排水设施。室内温度应能够控制在 5～40℃范围内，湿度应控制在 90％以下。机房应具备防止火灾、水灾的条件。

机房应方便设备安装就位、维修保养、零部件更换及设备更新，宜设置电压等级为380V、220V 的检修电源箱，应具备必要的吊装运输空间和高度，热泵四周应留出最小作业空间，并在换热管轴向任一端留出一定长度的拔管空间，推荐尺寸见表 6-1。

表 6-1　　　　　　　　　　　　热泵周围最小作业空间　　　　　　　　　　　　　　m

方位	轴向	控制箱侧	上部	其他
最小作业空间	1.0	1.2	0.2	0.8

二、 热泵本体安装

热泵本体安装，就是将热泵安置在规定的位置，主要工作内容有基础检查、吊装就位、找平找正和灌浆等。安装工艺流程如图 6-1 所示。

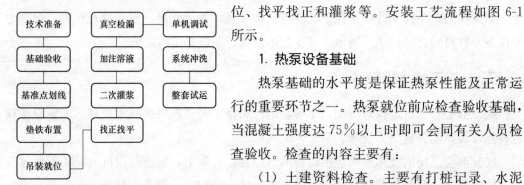

图 6-1　热泵安装工艺流程图

1. 热泵设备基础

热泵基础的水平度是保证热泵性能及正常运行的重要环节之一。热泵就位前应检查验收基础，当混凝土强度达 75％以上时即可会同有关人员检查验收。检查的内容主要有：

（1）土建资料检查。主要有打桩记录、水泥牌号、混凝土试样结果以及养护记录等。

（2）外观检查。要求表面平整，无裂纹、孔洞、蜂窝、麻面、露筋等缺陷。

（3）复查地脚螺栓孔。包括中心、孔径、垂直度等。

（4）预埋孔洞与埋件。

（5）基础外形尺寸、水平度、标高等。

按照图纸尺寸在基础上标定主纵横中心线，以确定设备的安装位置。将图纸中垫铁的布置位置在基础上进行标定并将该处平整，保证垫铁与基础稳固接触。如果没有垫铁布置图，可在负荷集中的地方、地脚螺栓两侧、设备底板四角等处布置垫铁。

2. 热泵本体吊装

一般体型较小热泵大多是整体运至现场，特殊体型较大的热泵会分体运至现场后进行组合，吊装应根据设备重量、起重机到设备的距离及安装高度选用吊车，起吊工具及钢丝绳承受载荷的能力应大于设备重量。吊装前对起吊场地进行平整处理，原土夯实，吊车支腿下铺设钢道板和垫木为支腿支撑，提供足够的承载力。

作业前先进行试吊/空吊回转一次。测量实际距离及吊车的承载数据是否在吊装范围内，再一次全面检查吊车周围情况，无异常情况发生方能进行正式吊装作业。在安装过程中除满足上述吊装要求的同时还应做好以下检查：

（1）在起吊及就位过程中，要保持热泵水平。就位时所有底座应同时并轻轻地接触地面或基础表面。

（2）如果热泵水平不合格，可用起吊设备，通过钢丝绳慢慢吊起热泵的一端，用钢制长垫片来调节水平。也可在一端底座下半部焊上槽钢，用两只千斤顶，均匀地慢慢将底座顶起，再调节水平，直至水平合格为止。

（3）分体安装时，其安装方法与整机安装基本相同。不同的是，分体时须先将下筒体吊装在基础上，校正好纵向及横向水平度后，再将上筒体吊装在下筒体上，接口对正并将上筒体水平度也校正好后焊合。焊接时应防止焊渣、铁锈等杂物进入设备管道内，焊接后应对整机进行水平度校正。

3. 找平找正

设备就位后用方框式水平仪粗找平，并按已放好的设备中心线（纵横）坐标找正，用临时垫铁组进行调整。设备找平、找正，应选择在本体上加工精度较高的表面为准进行调整。

4. 二次灌浆

地脚螺栓预留孔的灌浆工作，必须在设备初找平，找正后进行，二次灌浆一般应在隐蔽工程检查合格，设备最终找平、找正后 24h 内进行。二次灌浆的工作必须连续进行，不得分次浇灌。二次灌浆的基础表面必须用水冲洗干净，并浸湿。当环境温度低于5℃时，应采取防冻措施。

三、 附属系统的安装

常见的热泵附属系统由热网水系统、余热蒸汽（水）系统、驱动蒸汽系统以及电气和控制系统等组成。

（一）汽水系统管道的安装基本要求

（1）所有外部管路应进行悬吊支撑或补偿，不得将其重量和应力强加于热泵，特别是大直径管道在与热泵连接处管道上应加支撑，以防管道重量施加在热泵上必要时可设置补偿伸缩器。

（2）为防止水中渣物进入热泵堵塞传热管，造成性能下降，热泵和各水泵（含备用泵）的入口应安装具有大面积过滤网且便于清洗和拆卸的过滤器，以免渣物进入机组，堵塞传热管，过滤器设计应带有自动清洗功能，能保证清洗过滤器时系统运转不被中断。

（3）各水系统管路的最低处设排水阀并将排水引至排水沟，各联管的最高处应设自动排气阀。水系统为闭式循环时，其定压装置应符合恒压要求。水系统压力较高时，宜将水泵置于机组出口段，以减小机组承压。

（4）蒸汽调节阀的安装位置与热泵距离应尽可能短，供给蒸汽压力高于发生器设计压力时还应安装减压阀，管路设计应确保检修和保养减压阀、电控阀时系统运转不被中断。减压阀与电动阀的前后应装有手动截止阀，以便在突然停机时，切断工作蒸汽。

（5）如果工作蒸汽含有水分，其干度低于 0.99 时，要装设汽水分离器，以保证传热效率。进热泵之前的蒸汽管路最低处要装设疏放水阀。

（6）凝结水系统设计应确保热泵的蒸汽凝结水能及时顺畅地排走，凝结水箱宜设置在负米。水箱应设置液位高、低信号的电极或水位自动控制装置，与凝结水泵联锁对水位进行控制。

（7）凝结水管上应设置止回阀，用以防止停机时凝结水倒流。止回阀前应设置泄水阀，用于开机时排除管内积水。凝结水管道应顺水流方向按坡度不小于 3/1000 进行敷设，禁止凝结水管道向上弯成 U 形。

（8）余热蒸汽系统等大直径管道的内表面锈迹必须在封闭管道前用喷砂等机械方法清除掉；污垢和焊渣必须清除干净。在机组运行期间，余热蒸汽系统为真空，管道安装应尽可能地减少泄漏点，通过气密性试验查找漏点，以保证热泵换热性能和汽轮机真空严密性。

（二）管道安装施工

管道安装前施工用机械、工器具应全部到位，验收合格，施工道路应通畅、场地平整，作业现场的消防设施和照明设施应完善，施工图纸应会审完毕。管道安装的作业程序如下：施工准备、材料运至现场、材料验收、管道切割打磨坡口、管道就位对口焊接、焊口检验、管道清理、验收。

管道安装的注意事项如下：

（1）管道安装应根据施工图分系统有序安排所有管道施工，首先安装热泵本体外的管路。

（2）吊装管子的吊带应分别绑扎在距管口两端 1/3 处，吊装应平稳。

（3）管子与设备的连接应在设备（如阀门）安装定位后进行，管道焊接不得强力对口，不得用强拉、强推、强扭或修改密封垫的办法来补偿安装误差。

（三）电气系统安装的基本要求

1. 电缆敷设

（1）电缆敷设顺序为先敷设长电缆，再敷设短电缆；先敷设集中的电缆，再敷设分散的电缆；先敷设电力电缆，再敷设控制电缆。信号电缆与控制电缆、动力电线分层敷设，信号电缆置下层，特殊情况可根据现场实际加要适当调整。

（2）电缆应一根一根敷设，严禁成捆敷设。一根电缆敷设完毕及时加以整理，经检验合格后方可进行下一道工序的施工，做到边敷设边整理。

（3）电缆敷设应做到排列整齐、美观、层次分明，不混放，不交叉，电缆敷设完毕做到横看成片、纵看成线、引出方向一致、弯度一致、余度一致。

（4）电缆应远离热源，平行热力管道敷设时距保温层大于500mm，交叉于热力管道敷设时距保温层大于200mm。电缆应尽量避开人孔门、设备起吊孔、窥视孔、防爆门和极易受机械损伤的区域。敷设在主设备和管道附近的电缆不应影响设备和管道的拆装。

（5）电缆敷设完毕，应对所敷设的电缆的两端及时加以封闭，以防受潮。对敷设以后暂时不接线的电缆应及时加以整理，整齐堆放，以免电缆受到损伤。电缆穿墙和穿管的进出口、进入盘柜的入口处应采用防火材料封堵，电缆沿途每隔5～8m应涂防火涂料。

2. 电缆桥架安装

电缆桥架安装依据设计资料、作业指导书以及桥架厂供资料，在土建施工建筑浇灌时予以配合，确定预埋铁的预埋位置和结构形式，为桥架安装作好充分的准备工作。安装过程中要注重桥架的连接和固定工艺，保证整体美观。

3. 盘柜安装

电气开关柜在土建装修工作完成后，方可进盘、就位。根据设备安装图及接线图，确定每块盘柜的实际位置，柜与柜之间的母线连接安装方法严格按设计图及厂家安装说明书的要求进行。开关柜安装完毕应按照规定进行控制和操作的有关试验及时采取防尘、防潮和成品保护措施。

（四）热工控制系统安装基本要求

1. 计算机柜、热控盘、柜安装

计算机柜、热控盘柜安装要与土建专业施工交替进行，土建施工在控制室和电子设备间建筑构架完成后、二次浇灌之前，热工控制专业施工人员进入现场，制作并安装盘、柜的底座。大型盘、柜采用吊车卸到作业现场，再用平板车水平运至电子设备间，放置在已安装的底座上（暂不开箱），待电子设备间装修完毕，暖通、照明完毕，具备交付使用条件时，热工控制施工人员开始开箱拼装盘柜。安装过程中对地板、门窗应采取临时保护措施，做到文明施工。

2. 电缆敷设与二次接线

（1）敷设前检查每盘电缆绝缘情况和有无机械损伤；核对电缆型号；校对敷设路程中桥架和穿线管是否安装完善，每根电缆按顺序敷设到位，整理、绑扎，并使其松紧合适。

（2）敷设的电缆型号、起点、终点应符合设计，每根电缆的起点、终点和主要拐弯处应挂永久性标牌，标牌上注明电缆型号、起点、终点、长度和设计编号。

（3）线头标记胶头清晰、耐用；压接紧固、接触良好。多股铜线接线时，线头应先镀锡或压线鼻，再与端子压接。

（4）盘内电缆头安装高低一致，线芯成束排列整齐、绑扎牢固、弯曲弧度一致。

3. 仪表管道敷设

（1）仪表管道安装在主设备基本就位，热力系统主要管道安装完毕后才能大范围敷设。管道的弯制采用电动或手动的带刻度盘弯管器冷弯。成排敷设的管道应集中、整齐排列，固定牢固。尽量减少弯曲和交叉，不允许有急弯和复杂弯。

（2）所有仪表管道安装完毕要进行严密性试验。汽水系统、加热系统与主设备和管道一起进行严密性试验；要求无漏焊、错焊和堵塞现象。

（3）严密性试验合格后，管道表面应涂防锈漆（除不锈钢管道），高温管道采用耐高温防锈漆。所有仪表管道的起点、终点、一次门、二次门挂上标牌。标牌上注明设计编号、名称及用途。

4. 检出元件和取原部件安装

（1）热控检出元件能否长期处于正常、良好的工作状态，合理地安装是关键。

（2）测点开孔位置应符合设计要求。

1）压力、温度测点在同一地点时，压力测孔在前，温度测孔在后（按介质流向）。

2）水平管道上取压。

3）介质为液体时，测孔在水平向下 45°夹角范围内；介质为蒸汽时，测孔在水平向上 45°夹角范围内。

（3）热泵本体的检出元件和取源部件按厂供制造图安装。测温元件插入深度大于 1m 时，内部要有防止弯曲措施。在小于 $\phi76$ 的管道上安装测温元件应加装扩大管。

（4）液位测量的平衡容器安装，垂直度偏差小于或等于 20；水平偏差小于或等于 1mm；容器前阀门必须横装。平衡容器固定要考虑热力设备的热膨胀位移。用于油位、凝汽器水位等测量用平衡容器及管路，不得安装排污门。

5. 执行机构安装

（1）执行机构是控制系统主要执行设备。根据调节阀的类型，选择合适的拐臂结构、转向接头。执行机构底座制作及安装应满足输出力矩的要求。底座几何尺寸要满足方便操作和运行维护的要求，要求执行机构连接的调节阀在全行程内线性传递动作。

（2）安装执行机构前应该对型号、规格、输出力矩、动作行程满足调节阀的技术要求；检查机械动作的灵活性、有无抖动和卡涩现象。注油到减速箱至正常油位并检查有无漏油现象；安装气动执行机构之前应通气检查严密性、全行程动作时间以及自锁功能。

（3）执行机构安装位置应便于操作和维护，转角方向要满足调节阀全行程动作，距热表面保温层大于 700mm。拉杆配制长度 1～2.5m 为宜。执行机构固定点与调节阀之间热态不得产生相对位移。

（4）执行机构安装完毕，应明显标记调节阀"开关"的方向。置于露天的执行机构应加装防雨罩，并使其结构合理，不影响全行程动作和整体安全运行。

四、 保温施工

保温是节约能耗、提高设备热效率、使设备正常运转、确保人员安全的一项必不可少的措施。它包括设备本体及其附属热力系统的保温、保冷、加热保护等形式。

1. 保温的范围

（1）在设备运行或停止时蒸汽、疏水、溶液等介质温度需要保持稳定的，应进行保温。

（2）为减少热量损失的换热容器、热力管道等应进行保温。

（3）工艺条件不需要保温，但为了改善操作环境、防止烫伤也应进行保温。

2. 保温施工的要求

外表面温度高于 50℃ 的阀门管道、设备必须进行保温。各种管道和热力设备的保温，应遵守国家和有关行业颁布的标准、规范、规定进行设计和施工。常用保温材料有膨胀珍珠岩、硅酸钙、硅酸铝、岩棉、矿渣棉、玻璃棉及其制品等其材料性能见表 6-2。保温材料的基本选用原则如下：

（1）保温材料制品的允许使用温度应高于正常操作时的介质最高温度。

（2）相同温度范围内有不同材料可供选择时，应优先选用热导率小、密度下、造价低、易施工的材料。

常用保温材料性能见表 6-2。

表 6-2　　　　　　　　　　常用保温材料性能

序号	保温材料		使用密度（kg/m³）	推荐使用温度（℃）	抗压强度（MPa）	热导率 λ_0 [70℃, W/(m·K)]
1	膨胀珍珠岩制品		220	400	0.4	0.065
2	硅酸钙制品		170	550	0.4	0.055
			220		0.5	0.062
3	硅酸铝棉制品	毯	64	800	—	0.056
		毡	96			
		板	128			
		壳	192			
4	岩棉、矿渣棉及其制品	棉	40～150	600		≤0.044
		毡	60～100	400		≤0.049
		板	60～200	350		≤0.044
		管	60～200	350		≤0.044
5	玻璃棉及其制品	棉	40	300	—	0.042
		板	40～48			≤0.044
			64～96			≤0.042
		管	≥45			≤0.043
		毡	40			≤0.048
			48			≤0.043

第三节　调 试 与 试 运

热泵供热系统安装完毕后应进行设备系统调试试运。试运是全面检验热泵及其配套系统的设备制造、设计、施工、调试和生产管理的重要环节。试运启动工作应依据国家和行业有关技术标准和规定以及工程合同、设计资料和设备制造厂供技术资料进行。调试过程中要注重工艺优化，通过优化生产工艺和控制逻辑达到设计意图。经调试投运的系统和设备应该是设备应用功能最佳，系统运行状况最好。

一、 试运前准备

试运分为单体试运和系统试运两个部分。单体试运目的是为检验单台设备状态和性能是否满足其设计要求；系统试运目的是为检验设备和系统是否满足设计要求的联合试运行。试运阶段应从电气开关送电开始至整套系统启动试运结束为止。

（1）试运前，系统所属安装工作已结束，安装和检验记录齐全。

（2）试运技术措施已经审核和批准，主要技术措施已向试运人员交底，相应安全防护措施已经实施。

（3）试运现场环境良好，安全设施齐全、照明充足。

（4）试运组织机构成立、职责分工明确、人员到岗及试运现场通信联络畅通。

（5）试运电源可靠保障。

（6）整套启动前单体试运完毕并经过验收合格。

二、 单体试运

单体试运的首次操作必须在控制室操作盘上进行，不得在就地操作启动试运。每台设备都应有一份检查表。单机试运主要包括水泵试运、阀门调试、热泵气密性检查等。

（一）水泵试运

水泵试运前要确认泵的安装工作已全部结束，电机单机试运转合格和转向正确，电气、仪表装置校验完毕，具有联锁控制系统的仪表控制系统能够正常投用。泵试运转流程及配套工艺管线已吹扫试压完毕，管线及流程中的附属设备充满试运介质。泵轴承箱内润滑油在规定的油位，手动盘泵灵活、无卡滞、摩擦现象。此外，要准备好试运用的测量工具、试运记录表。水泵试运的主要步骤如下：

（1）打开水泵吸入管路阀门，关闭排出管路阀门。

（2）泵体的冷却水管路打开，并且保持畅通。

（3）打开泵体底部的排液阀，排净泵体内污染物后关闭排液阀。

（4）泵启动前先打开泵的出口管线上的高点放空阀进行排气，当放空阀内有介质排出后关闭放空阀门，使泵腔内充满试运介质。

（5）手动盘车 2～3 圈，转子转动应轻便、灵活，无卡紧及轻重不均等现象，无异常响声。

（6）点试电动机，确认旋转方向正确、无异常响声。

（7）启动电动机，待电动机转速正常后，缓慢打开出口管路上的出口阀门。出口管路阀门在电动机起动后，其打开时间不宜超过 3min，调节出口管路阀门到设计的工作压力。

（8）在调节出口阀门时注意观察出口管路上的压力表指示变化不要超过泵体铭牌上的标示值，同时注意电流的变化不要超过额定电流值。在试运转过程中时刻注意压力的变化，当压力快速下降发生气蚀时要快速关闭出口阀门。

（9）试运时间一般为 2h 以上，试运完毕后根据试运情况关闭水泵出入口阀门，排尽泵内介质，并断掉电动机电源，待泵体和轴承温度降低后再进行消缺。

水泵试运主要检查项目如下：

1）泵运转时转子及各运动部件不得有异常响声和摩擦现象。

2）泵的出入口压力正常。

3）轴承温度、振动在规定范围内，每间隔 30min 测量一次泵和电动机的振动值和轴承温度。在试运转过程中，当振动值或轴承温度超出要求值时要立即停泵，在处理好后再进行试运转工作。

4）检查密封填料是否漏水。

5）电动机运转电流、温度是否正常。

（二）阀门调试

1. 电动门调试

（1）外观检查：电动门应完好、无损，各螺栓紧固。电动头上铭牌标志清楚，开关位置指示器完好。

（2）就地手动开（关）电动门，以校验机构灵活、无卡涩，并将电动门手动放至半开位置，注意开度指示远方就地对应正确。

（3）将电动门的电源送上，将控制方式切至就地位置，就地电动开（关）电动门，确认"开"或"关"按钮与阀杆转动方向相符。

（4）将控制方式切至远方位置，在远方全行程开、关阀门。检查开关指示正确，并记录全行程开、关时间。

（5）对于电动调节阀，应在开关过程的 25％、50％、75％时停留，检查就地、远方位返与指令一致。对于远方带中停的电动门，应在开关过程中检验中停功能动作正常。

2. 气动门调试

（1）外观检查：气动门应完好、无损，各螺栓紧固。气缸完整，仪用气管道连接完好，开关位置指示器完好。进行手动操作，以校验机构灵活、无卡涩，并将阀门手动开至半开位置。

（2）将气动门的气源送上，检查气缸气压在正常范围内。

（3）远方气动关闭阀门使阀门下限限位开关动作，检查开度指示在关闭位置，远方显示阀门全关。手动关紧阀门，检查阀门关紧圈数是否符合规定。

（4）远方气动开启阀门使阀门上限限位开关动作，检查开度指示在开启位置，远方显示阀门全开。

（5）气动全行程开、关一次阀门，检查开度指示、灯光信号正确，并记录全行程开、关时间。

（6）对于气动调节阀，应在开关过程的 10%～90%任意位置时停留，检查远方就地位返与指令一致。

（三）热泵气密性检查

热泵在出厂前一般会对其各部分进行严格的气密性检查，但由于运输、起吊及安装时振动与碰撞等原因，可能造成某些部位的泄漏，在调试前应对其重新进行气密性检查。首先应进行真空检验，若不合格则需进行压力找漏，找到泄漏点并修补后再进行真空检验，反复进行，直至真空检验合格。

1. 真空检查

将热泵通大气阀门全部关闭。对未调试的热泵，用真空泵把内部压力抽至 30Pa 以下。停真空泵，记录下当时的环境温度 t_1，并从麦式真空计上读取机组内绝对压力值 p_1。

保持 24h 后，再记录当时的环境温度 t_2 以及机组内绝对压力值 p_2。按下式计算压力升高值，压力升高值 Δp 不超过 5Pa 为合格，即

$$\Delta p = p_2 - p_1 \times \frac{273 + t_2}{273 + t_1}$$

对调试过的机组，在真空泵排气口接一根橡胶管或塑料管，并将另一端管口放入装有真空泵油的桶中，用气泡法判断机组气密性。方法如下：

首先测试真空泵的极限抽气能力；合格后打开吸收器抽气阀，再慢慢打开真空泵下抽气阀和真空泵上抽气阀，抽气 2min 后，关闭真空泵气镇阀，观察不凝性气体的气泡，并对气泡计数 1min。正常气泡数每分钟应小于或等于 7 个，若气泡数大于 7 个，应按上述方法再次检查，直至气泡数达到正常值。如果 2h 后气泡数仍达不到正常值，则应及早进行压力找漏。

2. 压力找漏

往热泵内充入表压 0.08MPa 的氮气，若无氮气，可用干燥无油的空气，但对已经调试或运转过的机组，必须用氮气。充入氮气后，在焊缝、阀门、法兰密封面等可能泄漏的部位涂以肥皂水，有泡沫产生并扩大的部位就有泄漏。找出所有泄漏点后，将机组内的氮气放尽进行修补。再按前面的真空检验方法进行气密性检查。

在往热泵内充气和从内放气时，一般通过冷剂水取样阀进行（先旁通冷剂水后放气）。热泵内没有溶液和冷剂水时还可通过其他通大气阀门充、放气。

三、 热泵加注溶液的方法

溴化锂溶液中一般已加入 0.1%～0.3%的铬酸锂作为缓蚀剂，溶液 pH 值已调至 9～10.5，浓度为 50%，在注入热泵之前应再次确认。

采用负压吸入方法由溶液泵出口侧的加液阀处加溶液，加液前先打开浓溶液调节阀。将热泵抽真空至绝对压力低于 100Pa（若机组内存有溴化锂溶液或水，则按上节气密性检查中提到的方法抽到气泡数小于或等于 7 个/min）后，将加液阀口的密封塞取出；如图 6-2 所示，再将一根 DN25 真空橡胶管或钢丝增强橡胶管一端套在涂有真空脂的加液阀接口上，向管中灌满溶液后，另一端包上过滤网插入盛满溶液的容积约为 0.6m³ 的容器内，打开加液阀即可将溶液吸入热泵内。加液过程中，软管一头应始终浸入溶液中，并注意向容器内的加液速度及加液阀的开度，使容器内溶液保持一定液位。

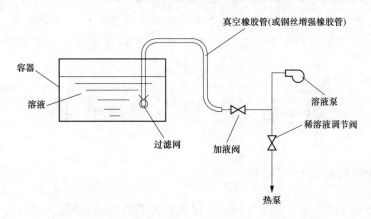

图 6-2　溶液充注图

溶液应分 3 次加入。首先加入总量的 1/2 左右；然后关加液阀，点动溶液泵用转向检测器判断并调整电动机转向后，启动溶液泵，当溶液泵持续低频率运行时，停止溶液泵；再加入剩余的溶液。

灌注完毕后，关闭加液阀，将橡胶管取下后再拧上涂胶的二次密封盖和密封塞。最后还需用真空泵抽出溶解于溶液中的不凝性气体。

四、 整套系统启动试运

在整套系统启动试运前所有的单机试运项目必须全部完成，并已办理质量验收签证，试运技术资料齐全。整套系统启动主要检查项目有：

（1）水泵、阀门、过滤器等设备试运完成情况。

（2）溴化锂溶液化验结果。

（3）热泵气密性检查试验结果。

（4）保安电源切换试验及必须运行设备保持情况。

（5）热工控制系统及装置电源的可靠性。

（6）汽轮机正常运行，相关参数在热泵设计范围内运行。

（7）热网水系统投运，热网循环泵运行正常。

整套系统启动试运应按空负荷试运、带负荷试运和满负荷试运 3 个阶段进行，相关要求可参加本书第八章的有关内容。

第七章

热泵维护与保养

热泵的性能好坏、使用寿命长短，不仅与安装调试有关，还与热泵的维护保养密切相关，必须有计划、认真地进行定期维护保养，以确保其安全、可靠运行，防止事故发生，延长设备使用寿命。本章重点对热泵日常运行和停运期间的维护保养进行简要介绍。

第一节 热泵运行维护

一、 热泵真空管理与维护

热泵运行期间维护保养的主要任务是保持热泵的真空在一定范围内，真空状态好坏

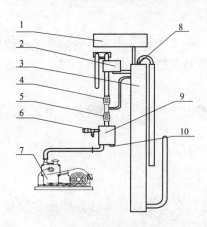

图 7-1 热泵抽气系统

1—储气装置；2—抽气盒；3—自抽装置；
4—真空泵上抽气阀；5—真空泵下抽气阀；
6—取样抽气阀；7—真空泵；8—压力传感器；
9—阻油器；10—放油螺塞

（指热泵内有无不凝性气体）不仅直接影响到热泵的正常工作，而且还影响到使用寿命。为使保持良好的真空状态，热泵一般都设有抽气装置，因此，要定期检查抽汽装置是否正常。常见的热泵抽气系统如图 7-1 所示，抽气分为自动抽气和用真空泵抽气两种，抽气过程中取样抽气阀常闭。

1. 抽气极限真空值的方法

若真空泵本身抽气能力低下，则无法将热泵真空抽至要求的值，因此有必要对其性能进行定期测试，测取真空泵的抽气极限真空值，方法如下：

（1）取下取样抽气阀口的密封塞，在阀口上涂真空脂后用橡胶管将麦氏真空计等测量仪表连上。

（2）取下阻油器下面的封板和真空泵上的橡胶管接头，用金属软管将真空泵与阻油器相连。

（3）启动真空泵，3min 后慢慢打开取样抽气阀，用麦氏真空计等测量仪表测量压力，若压力小于 30Pa，则真空泵合格，否则需检查并处理，直至合格。

2. 热泵运行期间抽气

热泵运行过程中，抽气装置会自动将热泵吸收器内的不凝性气体抽到储气筒和储气室内。

（1）当出现自抽装置压力高报警时，操作方法为：在完成真空泵极限抽气能力测试

并合格后，关闭取样抽气阀后，慢慢打开真空泵下抽气阀抽气，当真空合格后关闭真空泵下抽气阀并停真空泵。

（2）当余热水出口温度上升或汽轮机背压升高，经判断是由于真空度下降造成时，可在热泵停止的情况下启动真空泵直接抽热泵内的不凝性气体。操作方法：在完成真空泵极限抽气能力测试并合格后，关闭取样抽气阀并慢慢打开真空泵下抽气阀、真空泵上抽气阀，另在真空泵排气口接一根橡胶管或塑料管，并将另一端管口放入装有真空泵油的桶中，抽真空半小时后，关闭真空泵气镇阀，记录从油中冒出的气泡数（不计数时气镇阀打开），在气泡数少于每分钟 7 个时关闭开始抽气时打开的所有阀门并停真空泵；若 2h 后仍达不到气泡数少于每分钟 7 个的要求，且每分钟的气泡数维持在一个较大的值没有减少，则需进行正压检漏。

3. 真空泵抽气的注意事项

（1）抽气时，真空泵下抽气阀和真空泵上抽气阀应慢慢打开，其开度严禁增大过快，以免抽气速率太大，使真空泵喷油或发生故障。

（2）只能在热泵停止且热泵内温度较低时才能用真空泵直接抽热泵内的不凝性气体。

（3）用真空泵抽气时，应将气镇阀打开，以减少真空泵油的乳化。

（4）热泵运行期间，应每月一次拧开阻油器底部的螺塞，放尽阻油器中的液体。

二、 溴化锂溶液日常维护

溴化锂溶液对热泵的金属材料有较强的腐蚀性，须在溴化锂溶液中添加一定量的缓蚀剂，以防止腐蚀。溴化锂溶液中含有腐蚀物等杂质时，往往会引起吸收器淋板孔堵塞以及溶液泵润滑和冷却通路的堵塞，以致直接影响到热泵的性能和寿命。溴化锂溶液运行浓度过高时，容易引起结晶的严重后果。因此，在热泵使用过程中，需定期对溶液进行取样、检查，并根据检查结果进行处理。检查溶液质量时一般只对稀溶液取样，只有在需要测浓溶液浓度时才对浓溶液取样。

（一）溴化锂溶液的取样

（1）溴化锂溶液的取样分稀溶液取样和浓溶液取样，取样方法与冷剂水取样相同，取样位置分别为溶液泵出口侧的加液阀和机组筒体底部分液盒上的浓溶液取样阀，取样时仅需将冷剂水取样阀改为上述两个阀门即可。

（2）稀溶液取样时需将加液阀口的密封塞取下，取完样后，再将密封塞拧在加液阀口，以保证该阀的二次密封。

（二）溴化锂溶液的检查

1. 浓度检查

取样后将溶液倒入 250mL 的量筒中，用浓度计测出溶液浓度。如果没有浓度计，可以用温度计和比重计测出其温度和比重，由不同浓度溴化锂溶液的比重与温度的关系曲线（见图 7-2）查出溶液浓度。

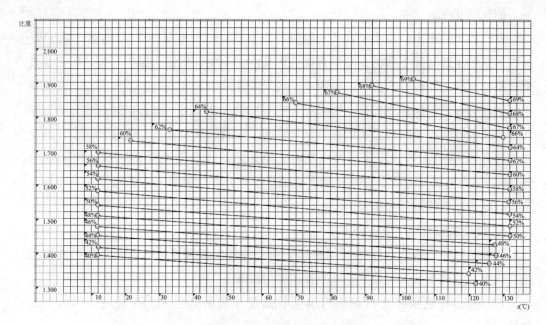

图 7-2　不同浓度溴化锂溶液的比重与温度的关系曲线（平滑值）

比例纵轴（比重）1 格：0.020；横轴（温度）1 格：2℃

2. 目测检查

溶液质量通常可以通过目测检查来实现，通过溶液颜色来定性判断缓蚀剂消耗及一些杂质情况。目测检查应在溶液取样并静置数小时后进行。溶液的目测检查结果参考表 7-1。

表 7-1　　　　　　　　　　　　　溶液的目测检查结果

项目	状态	判断	项目	状态	判断
颜色	淡黄色	缓蚀剂消耗较大	浮游物	极少	没有问题
	无色	缓蚀剂消耗过大	浮游物	有铁锈	氧化铁多
	黑色	氧化铁多，缓蚀剂消耗大	沉淀物	大量	氧化铁多
	绿色	腐蚀产物氧化铜析出	沉淀物	大量	氧化铁多

3. 酸碱度

为防止溴化锂溶液对机组的腐蚀，其 pH 值应控制在 9～10.5，超出范围即需调整。溴化锂溶液出厂前，其 pH 值一般已调至此范围内。热泵运行后，溶液的碱度会随运行时间的增长而增大，需定期检查。溶液取样后，用万能 pH 试纸测定酸碱度，并做好记录。如果 pH 值过高，可添加氢溴酸（HBr）来调整；如果 pH 值过低，可加入氢氧化锂（LiOH）来调整，直至恢复到规定范围内。

添加氢溴酸或氢氧化锂时，其浓度不能太高，灌注速度也不能太快，可从机内取出一部分溶液，放在容器中，慢慢加入已用 6 倍以上纯水稀释的添加物，待完全混合均匀后再注入机组。

4. 缓蚀剂

为抑制溴化锂溶液对热泵的腐蚀，溶液中应含有一定浓度的缓蚀剂 $0.20\% \pm 0.05\%$ 铬酸锂。热泵运行过程中，缓蚀剂会有所消耗，特别是运行初期，缓蚀剂含量下降较快。应定期对溶液进行取样化验。当缓蚀剂的浓度低于规定范围时，应添加至规定浓度。

严禁将缓蚀剂直接加入热泵。应先从热泵内取出至少 10 倍于缓蚀剂的溶液，放在容器中，慢慢加入缓蚀剂，搅拌，待完全混合后再注入热泵。加入缓蚀剂后还需启动热泵使溶液循环，使缓蚀剂与热泵内溶液充分混合。

5. 辛醇

为提高热泵的性能，溴化锂溶液中添加有一定量的辛醇，浓度约为 0.3%。当辛醇含量低于此范围时，应补充。辛醇含量不足可由两个方面来判断：一是机组性能下降；二是溶液中没有非常刺激的辛醇气味或抽气时排气中没有辛醇气味。辛醇通常按需要补充。加入方法与热泵加溶液方法相同，可由加液阀或浓溶液取样阀处用负压吸入。

6. 溴化锂溶液的再生

溴化锂溶液成分变化时，应进行再生处理。再生时应向热泵充氮气至正压，将溶液压出机组后，使用沉淀法或过滤法处理，也可采用边使用边过滤的方式进行。如溶液需放出时，应遵循下列原则：

（1）进入溶液的容器必须保持高度真空。

（2）在溶液转移过程中用气压产生压差时，应优先在真空条件下充氮气，如不得已进入空气，须在溶液转移完毕后立即抽真空。

7. 溴化锂溶液的移出

（1）如图 7-3 所示，用真空橡胶管将热泵与贮液罐相连（设法排除管中空气）。

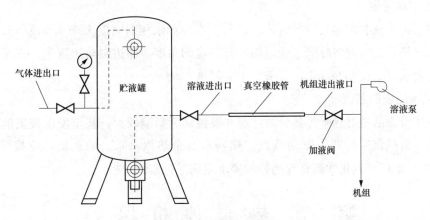

图 7-3 溶液移出示意图

（2）打开机组加液阀和贮液罐上的溶液进出口阀，然后启动溶液泵，将溶液抽入贮液罐中，直至溶液泵吸空、停泵。

（3）如因溶液泵损坏无法启动，可往热泵内充入 $0.02 \sim 0.04\text{MPa}$ 压力的氮气，将热泵内溶液压出。

（4）操作完毕，检漏合格后，立即启动真空泵抽真空。如有必要还需检漏。

三、冷剂水管理

热泵运行过程中，发生器中沸腾的溴化锂溶液中细小的液滴难免会被冷剂蒸汽带入冷凝器和蒸发器的冷剂水中。如果冷剂水中含有溴化锂溶液称为冷剂水污染。冷剂水污染后，会导致性能下降，污染严重时，甚至无法继续运行。因此，在热泵运行中，要定期取样测量冷剂水的密度，冷剂水污染后要进行再生处理。

1. 冷剂水取样、测量

（1）如图 7-4 所示，用真空橡胶管将取样器与冷剂水取样阀和抽气装置上的取样抽气阀接好，接口处涂抹少量真空脂。

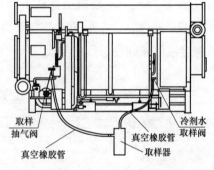

图 7-4　冷剂水取样示意图

（2）启动真空泵，打开取样抽气阀，将取样器抽真空 1～3min。

（3）打开冷剂水取样阀，冷剂水流入取样器。

（4）待取样适量后，先关冷剂水取样阀，再关取样抽气阀，最后停真空泵。

（5）将取样器中的冷剂水倒入 250mL 的量筒中，用相对密度为 1.0～1.1 刻度的相对密度计，测量冷剂水的相对密度。

注意：冷剂水取样和测量不得和溶液的取样和测量使用同一个取样器和量筒。如果只有一个取样器和量筒，则每次取样及测量前后都必须用清水冲洗干净。同时，取样器及量筒内不应有残留的液体。取样后应专门存放。

2. 冷剂水再生

冷剂水再生只有在热泵运行时才能进行。当冷剂水相对密度大于 1.04g/mL 时，视为冷剂水污染。此时应将冷剂水旁通阀打开一定的角度，即边制热边再生。直至冷剂水密度符合要求（≤1.002g/mL）后恢复正常制热。

3. 汽水品质的监督

运行中汽水品质对热泵传热管的性能和腐蚀结垢影响较大，甚至发生破损泄漏的事故，因此，对热泵运行期间驱动蒸汽、热网水及余热汽（水）的品质，应按照 DL/T 561《火力发电厂水汽化学监督导则》的要求定期进行监督分析。

第二节　热泵停机保养

一、短期或临时停运保养

短期停机是指热泵系统停运时间不超过 2 周，在此期间的保养工作应做到以下几点：

（1）将热泵内的溶液充分稀释。冬季热泵停运时应保持设备所处的环境温度，当环境温度低于20℃，停机时间超过24h时，蒸发器中的冷剂水应旁通入吸收器，以使溶液稀释，防止结晶。当机房温度可能降到5℃以下时，将冷剂水取样阀与溶液泵出口的加液阀用真空橡胶管相连后，打开两阀，运转溶液泵，停止冷剂泵，使溶液进入冷剂泵，以防冷剂水在冷剂泵内冻结。

（2）保持热泵内的真空度。发现热泵内压力升高，应启动真空泵抽气。停运期间若热泵绝对压力上升过快，应检查热泵气密性。

（3）停运期间若环境温度有可能降到0℃以下，应采取措施，保持机房温度在5℃以上，并将蒸汽凝水、余热水、热媒水系统（含热泵）中的所有积水放尽。同时，还必须将各类凝水换热器壳体放水阀打开，排放干净换热器内的热媒水，以防止环境温度低结冰等其他情况对热泵和水系统造成损害。

（4）热泵检修、更换阀门或泵时，切忌长时间侵入大气。检修工作应事先计划好，迅速完成，并马上开始抽真空作业。

二、 长期停运保养

（1）长期停运是指停运时间超过一个月及以上时间，在热泵停运，溴化锂溶液稀释运行时，将冷剂水全部旁通入吸收器，使整个热泵内的溶液充分混合稀释，防止结晶和蒸发器传热管冻裂。为防止停运期间冷剂水在冷剂泵内冻结，停运前应使部分溶液进入冷剂泵。

（2）在长期停运期间必须有专人保管，每周检查热泵真空情况，务必保持热泵的高真空度，以一个月内真空值变化不超过300Pa为标准。

（3）对于气密性好，溶液颜色清晰的热泵，长期停运期间可将溶液留在热泵内。但对于腐蚀较严重、溶液外观混浊的热泵，最好将溶液送入贮液罐中，以便通过沉淀除去溶液中的杂物。若无贮液罐，也应对溶液进行处理后再灌入热泵。

（4）长期停运期间应使热网水、余热水系统（含热泵）管内净化，进行保护。方法可根据情况参照DL/T 965《火力发电厂停（备）用热力设备防锈蚀导则》中的干、湿防锈蚀法。

（5）电气系统热泵长期停运后在启动前应测量电动机绝缘以及带电部分与非电金属部位的绝缘电阻值符合相关规定，否则不允许启动。

（6）若热泵停运汽轮机运行，蒸汽余热侧无法隔绝时，应保持其真空状态与汽轮机一致，主机停机后再同时与主机系统进行保养。

（7）热网水系统停止工作后关闭进出口热泵阀门，使热泵热网水系统处于充满水状态，防止局部空气进入产生局部腐蚀。

（8）热泵附属换热器的停机保养可参照DL/T 956《火力发电厂停（备）用热力设备防锈蚀导则》。

三、 定期检查项目

为了保证热泵的安全运行可参照表 7-2 进行设备检查维护。

表 7-2 热泵定期检查项目

序号	检查项目	检查时期		周期	备注
		运行期间	停机期间		
1	系统泄漏	√		每天	
2	保温外观	√		每天	
3	蒸汽安全装置		√	1 年	
4	运行参数			每天	
5	热泵保护装置	√		1 年	
6	电气系统		√	1 年	
7	热泵设定值			每月	
8	温度、压力、流量装置检验		√	1 年	
9	溶液分析		√	1 年	根据需要
10	汽水品质分析	√		每班次	
11	补充表面活性剂	√		1 年	根据需要
12	清洗传热管		√	1 年	根据需要
13	抽气作业	√		视情况	
14	清理换热器		√	1 年	根据需要
15	抽汽设备检修		√	1 年	
16	高压发生器定检		√	1 年	
17	极限抽气能力测试	√		每月	
18	冷剂水密度	√		每月	
19	电动机绝缘性测定		√	启动前	
20	检查、清洗真空泵		√	停机后	
21	过滤器清洗		√	1 年	

高压发生器承受热源压力部分属于第一类压力容器，应按照 TSG 21《固定式压力容器安全技术监察规程》及其他有关规定进行使用、管理和定期检查。

四、 热泵的清洗

溴化锂热泵经长期运行，发现性能下降后可对热泵进行清洗，彻底去除腐蚀产物，使热泵恢复原有性能。清洗分机械清洗和化学清洗两种方式。

（1）机械清洗。机械清洗即用钢丝刷、毛刷、高压水枪等机械，用人工清洗垢。缺点是时间长，劳动强度大，容易损伤换热管内壁，一般适用于热泵热网水侧。

（2）化学清洗。可参照 DL/T 957《火力发电厂凝汽器化学清洗及成膜导则》的有关要求。

第八章

热泵供热系统运行

本章主要介绍了热泵启停和日常运行中的相关要求。举例说明了热泵运行调整的方法。对热泵供热系统典型故障原因和处理方法进行了介绍。提出了热泵供热系统优化运行的思路和原则。

第一节　热泵启停与运行

一、热泵启动

热泵安装完毕，辅机系统分部试运合格，气密性试验结果达到要求，加注溶液调整结束后，即可进行热泵系统的整体启动，第一次启动需按照制造厂的启动要求进行。

1. 启动前的检查和准备

启动前应检查确认管道保温完整，现场清洁畅通，照明良好，事故照明系统正常，各压力管道、承压容器安全门动作试验正常，设备的安全装置应完整、可靠。热泵余热系统、热网水系统及蒸汽系统正常，水质指标符合进入热泵许可标准，热网水已经充满热泵。控制系统正常无故障，各子系统投运条件满足逻辑要求。就地表计及在线表计、保护及自动控制系统投运正确，各系统及设备的控制电源、信号电源已送上且无异常。热网循环泵、热泵真空泵、余热蒸汽凝结水泵、溶液泵、冷剂泵各转机设备均试转合格处于备用状态，汽轮机参数满足热泵运行的要求，热泵的联锁保护投入。

2. 热泵供热系统投入

热泵供热系统投入按照"先水后汽"的原则进行。即先投热网水，在水流量达到设计要求后，再投入余热水（蒸汽），最后投入驱动蒸汽。热泵投运初期，蒸汽凝结水管道系统应充分冲洗，定期化验水质指标，水质不合格时应外排，严禁进入汽轮机热力系统。

热泵真空应不低于规定值，当真空低于规定值时，应启动真空泵对其进行抽真空，使热泵保持高真空。蒸汽暖管和余热水投入可同步进行，以缩短暖管启动时间，减少热量损失。暖管时蒸汽减温器应同时投入运行，避免蒸汽温度过高引起热泵系统故障。

二、热泵停运

按照驱动蒸汽、热网水、余热蒸汽（水）的顺序停运热泵系统。严禁先停热网水和余热汽（水），后停驱动蒸汽。关闭热泵驱动蒸汽阀门后，要观察阀后压力，若压力不能降到 0.05MPa 以下，可能存在阀门不严的现象，应采取打开蒸汽管道疏水门泄压等措施，防止蒸汽窜入热泵，造成发生器干烧。热泵退出运行过程中，应及时调整供热机组冷却运行方式，将汽（水）切换至空冷岛或冷却塔。

若机房温度低于 5℃ 且停机时间超过 24h，热泵停运时必须将蒸发器冷剂水全部旁通入吸收器，进行溶液的稀释，在稀释过程中注意观察冷剂液位，当冷剂水全部进入溶液时，停止冷剂泵运行，热泵完全停止。

三、 热泵日常运行

日常运行中要经常检查热泵各项参数是否在规定范围内，发现偏离正常值后应及时查明原因进行调整和处理。热泵运行监视调整的主要内容有：

（1）监视温度的变化。运行中应经常观察热泵发生器、冷凝器、蒸发器、吸收器传热端差以及热泵余热水和热网水出、入口水温度的变化，热泵出口热网水温度应保持稳定，热负荷变动控制在每 10min 20% 以下，热网水温度变化不超过 0.5℃/min。如果余热水出口温度升高，热网水出口温度下降，且不是外界条件变化所致，可能是热泵性能下降，应查找原因；如果余热水进出口温差迅速减小，热泵内压力迅速升高，则有可能为传热管破裂或热泵其他部位发生异常泄漏，应立即停止热泵，尽快切断余热水和热网水系统后进行气密性检查，排除漏点。

（2）监视汽轮机背压。余热蒸汽型热泵的背压应与汽轮机保持一致，热泵自动调节过程，乏汽用量的变化会引起机组背压变化，要及时调节空冷风机运行，视空冷岛运行状况必要时隔离运行的空冷单元。要避免汽轮机背压的急剧变化，背压的急剧变化会干扰吸收式热泵，使其无法稳定工作。若汽轮机背压大幅波动升高，应按照汽轮机运行规程相关事故处理执行。

（3）严密监视热泵真空度的变化，保证热泵蒸发器、吸收器真空不大于设计值。热泵运行过程中，抽气装置会自动抽出热泵内的不凝性气体，若热泵真空系统能经常抽出不凝性气体，应分析、检查原因，如未查出，则尽快进行气密性检查。要定期检查热泵真空泵油质情况，如有乳化或脏污情况应及时更换。

（4）除上述长期监视运行的参数，还要定期进行以下检查：

1）定期化验蒸汽凝结水、热网水、余热水的水质是否在合格范围内。

2）每小时对各运行水泵、电动机轴承振动及温度等情况巡视一次。

3）冷剂泵和溶液泵的运转声音及电流值异常，应立即分析原因并处理。

4）定期检查热泵自动控制系统及保护装置运行是否正常，各表计、测量装置、灯光报警信号应正确投入，如有异常，应及时消除。

5）驱动蒸汽温度是否在规定范围内，减温器工作是否正常。

6）各容器液位是否在正常值。

第二节 变工况及运行调整

一、调整原则

在整个供热系统中，热泵一般承担热网加热的基本负荷，要保证最大限度地利用凝汽余热，因此，在整个供热期内应按照尽量保证热泵的最大出力，然后再利用热网加热器作为调峰加热的原则，同时考虑安全和节能两个方面因素进行热泵的运行调整。

（1）在进行空冷供热系统设计时，通常会采取适当提高机组背压的手段来提高利用凝汽余热的能力，但是提高背压会降低低压缸蒸汽的有效焓降，在一定程度上影响机组发电，这种工况可能会使机组发电的损失不能从凝汽余热利用中得以补偿，造成总的能效下降。

（2）供热机组冷却塔或空冷凝汽器是按夏季纯凝工况设计的，这时凝汽量大且外界温度高。而在冬季供热工况中，凝汽量小且外界温度低，因此，北方地区的热电厂普遍存在冷却塔或空冷凝汽器防冻的问题。如果不能实现全部凝汽热量的提取，剩余的排汽会排向冷却塔或空冷凝汽器，这样会增加设备结冻的风险，影响机组的运行安全。

二、热泵供热系统的组成

热泵供热系统是由多个独立系统、多项技术、多种设备组成的大型系统，其运行调节方式必须通过整体协调操作控制才能达到既能保证供热质量又可以降低能耗，安全运行的目的，图 8-1 所示为空冷机组热泵供热系统基本控制示意图，在该系统中，各热力站均设置吸收式换热热泵，电厂安装余热回收系统（由低温加热器和吸收式热泵构成）和尖峰加热器。系统的基本控制由以下 3 部分组成：

1. 热力站系统

在热力站设置控制器 C2，输入参数是室外温度 T_w 和二次侧供水温度 T_5，输出参数是一次侧流量调节阀 V7 的开度。

2. 首站系统

在首站设置控制器 C1，输入参数是室外温度 T_w、一次网供水温度 T_3 和压力 p_3、一次网回水温度 T_4 和压力 p_4，输出参数是系统的抽汽流量调节阀 V3、V4 的开度以及一次网循环水泵的电动机频率。

3. 供热机组

通过电厂 DCS 控制系统，输入参数是抽汽压力 p_1 和温度 T_1，输出参数是抽汽调节阀 V1 和低压缸进汽调节阀 V2 的开度，并实现系统排汽控制阀 V5 和空冷岛排汽控制阀 V6 的切换。

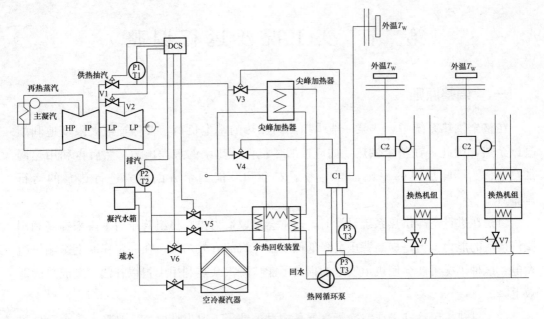

图 8-1 热泵供热系统基本控制示意图

V1—抽汽调节阀；V2—低压缸进汽调节阀；V3、V4—系统抽汽流量调节阀；

V5—系统排汽控制阀；V6—空冷岛排汽控制阀；V7—一次侧流量调节阀；

C1—首站控制器；C2—热力站控制器；DCS—汽轮机控制系统

三、 热网系统的运行调节

热网运行调节方式有两种：质调节和量调节。质调节保持热网水流量不变，通过改变供水温度来调整系统的供热量；量调节保持热网供水温度不变，通过改变热网水流量来调整系统的供热量。

1. 一次网质调节为主、 量调节为辅 （微调）＋二次网质调节

（1）保持一次网水流量不变，当室外温度升高时，依据给定的一次网供水温度调节曲线，首先通过减小阀门 V3 的开度来降低尖峰加热器的负荷，直至阀门 V3 完全关闭；再通过减小阀门 V4 的开度来降低吸收式热泵机组的负荷，如此顺序调节逐步降低一次网供水温度。当室外温度降低时，按相反的调节过程，逐步提高一次网供水温度。

（2）各热力站的二次网采用质调节，吸收式换热机组依据给定的二次网供水温度调节曲线，通过调整阀门 V7 的开度来改变进入机组的一次侧水流量，进而改变对二次网的加热量。理想情况下，通过调节一次网供水温度即可保证二次网供水温度按给定的调节曲线运行，而实际上由于用户末端装置形式和用热规律的不同，

（3）各吸收式换热机组可能需要对一次侧水流量做稍许调整。这种局部独立的调节会引起一次网水总流量的变化，需要在首站的一次网出口设置压力传感器或进出口设置压差传感器，通过微调热网循环水泵频率使供水压力或供/回水压差维持在设定值。

（4）质调节方式运行。在热负荷降低时首先减少能效较低的加热环节（尖峰加热器，吸收式热泵机组的高温级）的热负荷，可以保证全工况运行中稳定的提取凝汽余热。

2. 一次网量调节＋二次网质调节

（1）保持一次网供水温度不变，各热力站的二次网采用质调节。各热力站对一次侧水流量的主动调节会引起一次网总流量的变化，在首站的一次网出口设置压力传感器或进出口设置压差传感器（根据实际热网的形式及运行情况，监测点也可以设置在热网远端或中间某处），调节一次网循环水泵流量（通过调节循环水泵频率或改变运行台数）使供水压力或供/回水压差维持在设定值。

（2）当室外温度升高时，依据给定的二次网供水温度调节曲线，通过减小调节阀 V7 的开度来减小进入热力站的一次侧水流量。同时，由于各热力站的节流会引起首站供水压力或供/回水压差的升高，通过降低热网循环水泵的频率或减少循环水泵投运台数来减小流量，使首站供水压力或供/回水压差维持在设定值。由于热网水流量的降低，抽汽需求量也相应减少，通过调节阀门 V3、V4 的开度来减少抽汽的供应量。当室外温度降低时，按相反方向进行调节。

（3）量调节方式运行。在热负荷降低时减少一次网水流量，可节约一次网循环水泵耗电。此外，这种方式可以使一次网回水温度降至更低的水平，能够提高效率较高的加热环节（低温加热器，吸收式热泵机组的低温级）的温升，但热网水流量降低仍会使凝汽余热提取量相应减少。

四、 供热机组的运行调节

供热机组的运行调节主要是对抽汽流量、压力以及背压的调整。当热负荷变化时，在热网运行调节的同时，需要对供热机组进行如下调节：

（1）在严寒期工况下，汽轮机抽汽量达到最大值，抽汽调节阀 V1 全开，低压缸进汽调节阀 V2 开度最小。此时，系统排汽控制阀 V5 开启，引入余热回收系统的排汽流量达到设计值，通往空冷岛的排汽流量为零或者最小值（该值要满足空冷凝汽器的防冻要求）。为防止开启的空冷凝汽器出现冻结的现象，需要监控凝汽疏水温度，如果该温度低于设定值（例如 35℃左右），则减小系统抽汽流量调节阀 V3 和 V4 的开度，减小抽汽量以增加进入空冷凝汽器的排汽流量，或者适当提高机组背压，以满足空冷凝汽器的防冻要求。

（2）当室外温度升高时，降低一次网供水温度或流量，进行系统热负荷调节，同时监测抽汽压力 p_1 和温度 T_1，调整阀门 V1 和 V2 的开度，以确保抽汽量和压力的满足供热要求。随着抽汽量的逐渐减少，低压缸排汽量会逐渐增加，监控供热机组排汽压力 p_2 和温度 T_2，逐渐提高空冷风机的转速或者开启一列（或几列）空冷凝汽器的切换阀门使之投入使用，以增加空冷凝汽器的冷却能力，确保机组在稳定的背压下运行。

第三节 典型故障分析与处理

热泵运行中发生故障，可能是长期工作的某些部件损坏、外网故障等外界因素影响、检修质量不良或运行调整不当引起。严重的故障可能导致热泵损坏甚至设备报废等事故的发生。因此，运行中的热泵对出现的异常应以预防为主，一旦发生事故时应本着以下原则进行处理：

（1）当发生事故时尽快查明事故的原因，限制事故的发展，解除对人身及设备的威胁。

（2）在保证人身及设备安全的前提下，尽可能维持设备运行，在确定设备不具备运行条件或对人身、设备有损害时，应立即停止设备的运行。

一、 热泵结晶的故障处理

由于热泵溶剂泵跳闸、蒸汽进汽调节阀开度过大、热网水中断、热泵蒸汽进汽调节阀未关闭、溴化锂溶液中的水分被蒸发或得不到补充、热泵内存在不凝性气体等原因，造成溴化锂溶液浓度升高达到饱和状态，热泵会发生结晶事故。发生结晶后，溶晶是十分费时费力的。从溴化锂溶液的特性曲线图（结晶曲线）可以知道，结晶取决于溶液的质量分数和温度。在一定的质量分数下，温度低于某一数值时；或者温度一定，溶液质量分数高于某一数值时，就要引起结晶。一旦出现结晶，就要进行溶晶处理。溶晶时，热泵冷剂水减少，而且要经过很长一段时间，此时，热泵性能大为降低。因此，运行过程中应尽量避免结晶。

1. 运行期间预防结晶

热泵内部是一个封闭的系统，一般情况下溴化锂和水之间会保持相对稳定的比例关系，若在某些部位发生结晶，其他部位的溶液浓度一定会下降，因而结晶只会发生在局部，热泵最容易结晶的部位是热交换器的浓溶液侧及浓溶液出口、浓溶液进吸收器管等处，因为这里的溶液质量分数最高及浓溶液温度最低，当温度低于该质量分数下的结晶温度时，结晶逐渐产生。

热泵运行时，熔晶管不发烫，说明运行正常。一旦出现结晶，由于浓溶液出口被堵塞，发生器的液位越来越高，当液位高到熔晶管位置时，溶液就绕过低温热交换器，直接从熔晶管回到吸收器，因此，熔晶管发烫是溶液结晶的显著特征。这时，低压发生器液位高、吸收器液位低，热交换器表面和浓溶液进吸收器管温度下降，甚至会出现溶液泵吸空现象。

热泵运行期间，掌握结晶的征兆是十分重要的。如果结晶初期，就采取相应的措施（如降低负荷等），一般情况可避免结晶。运行中防止溴化锂结晶的措施有以下几种：

（1）经常观察热泵热网水出口温度，当温度高于设定值应立即查明原因，检查蒸汽进汽调节阀自动运行情况，必要时强制关闭进汽阀。

（2）发现热网水流量突然下降应立即检查热泵热网水进出口阀门是否误关，若热网水中断无法恢复时，应及时停止热泵关闭热泵进汽阀。

（3）经常检查调整驱动蒸汽压力和温度控制在规定范围内，不可过高，减温减压装置应可靠投入。

2. 运行期间结晶的处理

（1）当结晶比较轻微时，热泵本身能自动熔晶。如果无法自动熔晶，可采取下面的熔晶方法。

1）关小进汽阀门减少供热量，使发生器温度降低，溶液质量分数也降低。

2）减少冷却水流量使稀溶液温度升高，一般控制在 60℃左右，但不要超过 70℃。

3）为使溶液质量分数降低或不使吸收器液位过低，可将冷剂泵再生阀门漫漫打开，使部分冷剂水旁通到吸收器。

4）继续运行，由于稀溶液温度提高，所以经过热交换器时加热壳体侧结晶的浓溶液，经过一段时间后，结晶可以消除。

（2）如果结晶较严重，上述方法一时难以解决，可借助于外界热源加热通过间歇启、停并加热来消除结晶。具体操作如下：

1）按照上面的方法，使稀溶液温度上升，对结晶的浓溶液加热。

2）同时用蒸汽或蒸汽凝水直接对热交换器进行全面加热。溶液泵内部结晶不能运行时，对泵壳、连接管道一起加热。

3）采用溶液泵间歇启动和停止。待高温溶液通过稀溶液管路流下后，再启动溶液泵。当高温溶液加热到一定温度后，又暂停溶液泵的运转，如此反复操作，使在热交换器内结晶的浓溶液，受发生器回来的高温溶液加热而溶解。如果泵仍不能运行，可对溶液管道、热交换器和吸收器中引起结晶的部位进行加热。

4）熔晶后热泵开始工作，若抽气管路结晶，也应熔晶。若抽气装置不起作用，不凝性气体无法排除，尽管结晶已经消除，随着热泵的运行又会重新结晶。

5）如果高温溶液热交换器结晶，高压发生器液位升高，因高压发生器没有熔晶管，同样，需要采用溶液泵间歇启动和停止的方法。利用温度较高的溶液回流来消除结晶。

3. 热泵停机期间结晶的处理

停机期间，由于溶液在停机时稀释不足或环境温度过低等原因，使得溴化锂溶液质量分数冷却到平衡图的下方而发生结晶。一旦发生结晶，溶液泵就无法运行。可按下列步骤进行溶晶。

（1）用蒸汽对溶液泵壳和进出口管加热，直到泵能运转。加热时要注意不让蒸汽和凝结水进入电动机和控制设备。

（2）屏蔽泵是否运行不能直接观察，若溶液泵出口处未装真空压力表，可以在取样阀处装真空压力表。若真空压力表上指示为一个大气压（即表指示为 0），表示泵内及出口结晶未消除；若表指示为高真空，只表明泵不转，热泵内部分结晶，应继续用蒸汽加热，使结晶完全溶解，泵运行时，真空压力表上指示的压力高于大气压，则结晶已溶解。但是，有时溶液泵扬程不高，取样阀处压力总是低于大气压。这时应用取样器取样或者观察吸收器喷淋、发生器有无液位，也可通过听泵管内有无溶液流动声音来判断结晶是否已溶解。

4. 热泵启动期间的结晶处理

在热泵启动时，由于冷却水温度过低、热泵内有不凝性气体或热源阀门开得过大等原因，使溶液产生结晶，大多是在热交换器浓溶液侧，也有可能在发生器中产生结晶。熔晶的方法如下：

（1）如果是低温热交换器溶液结晶，其熔晶方法参见机组运行期间的结晶。

（2）发生器结晶时，熔晶方法是：

1）微微打开热源阀门，向热泵微量供热，通过传热管加热结晶的溶液，使之结晶溶解。

2）为加速熔晶，可外用蒸汽全面加热发生器壳体。

3）待结晶熔解后，启动溶液泵，待热泵内溶液混合均匀后，即可正式启动。

（3）如果低温溶液热交换器和发生器同时结晶，则按照上述方法，先处理发生器结晶，再处理溶液热交换器结晶。

二、 其他典型故障处理

（一）热泵控制系统失灵

热泵控制系统死机或故障时主要有以下现象：

（1）系统电源消失。

（2）系统全面瘫痪。

（3）网络通信中断。

（4）控制器死机等。

发生故障时应立即停止热泵运行，迅速将余热切换至主机系统，确保主机稳定运行。同时，将热网水系统切换至热网首站汽水加热器运行，关闭热泵站各系统的相关阀门。

（二）热泵站电源中断

热泵站电源中断后各运行泵电流到零，出口压力降低。这时要迅速将余热切换至主机系统，确保主机稳定运行。根据供热抽汽压力调整机组负荷，将热网水系统切换至汽水加热器运行，关闭热泵的进汽调节阀，蒸汽减温器减温水调节门及调节门前截门，热泵停止后应立即关闭热泵相关截门。

（三）常见的热泵异常现象及排除方法

见表 8-1。

表 8-1   常见的热泵异常现象及排除方法

序号	现象	原因	排除方法
1	热泵无法启动	(1) 控制箱无电。 (2) 控制电源开关断开	(1) 检查主电源及主空气开关。 (2) 合上控制箱中控制开关及主空气开关
2	真空不良	(1) 热泵泄漏。 (2) 真空泵性能不良或抽气系统故障	(1) 检漏，并消除泄漏。 (2) 测定真空泵性能，并排除抽气系统故障
3	余热水温差小于额定值	(1) 余热水流量大于额定值。 (2) 温度显示不准确。 (3) 真空不良。 (4) 用户热负荷偏小，制热量小。 (5) 传热管结垢或有异物堵塞。 (6) 冷剂水污染。 (7) 冷剂水喷淋量过大或过小。 (8) 冷剂水量过多。 (9) 溶液注入量不足。 (10) 溶液循环量不当	(1) 适当减少流量。 (2) 进行偏差校正。 (3) 检漏并消除泄漏；测定真空泵性能，并抽除抽气系统故障。 (4) 负荷自动调节，属正常现象。 (5) 清洗传热管。 (6) 取样，密度大于 1.04 时旁通再生。 (7) 关冷剂水旁通阀，关小或开大喷淋阀。 (8) 放出冷剂水。 (9) 补充适量的溶液。 (10) 调节循环量使符合要求
4	运行中突然停机	(1) 停电或电源缺相。 (2) 安全保护系统动作。 1) 冷剂泵异常。 2) 溶液泵异常。 3) 余热水断水。 4) 热网水断水。 5) 其他故障	(1) 检查供电系统，排除故障，恢复供电。 (2) 排除故障，恢复正常。 1) 若过载继电器动作，复位并检查电动机温度、电流值和绝缘情况。 2) 参照序号 1 排除方法。 3) 见序号 8。 4) 见序号 9。 5) 根据故障内容进行处理
5	发生器溶液高温	(1) 密封性不良，有空气泄入。 (2) 加热量超过额定值。 (3) 热网水侧传热管结垢严重。 (4) 溶液循环量偏小	(1) 启动真空泵抽气，并排除泄漏点。 (2) 调整加热量至额定值。 (3) 清洗传热管。 (4) 调节溶液循环量
6	溶液泵汽蚀	(1) 溶液量不足。 (2) 结晶。 (3) 溶液循环量大	(1) 加溶液。 (2) 熔晶。 (3) 调节溶液循环量
7	冷剂泵汽蚀	(1) 冷剂水量不足。 (2) 热网水水温过低	(1) 加冷剂水。 (2) 调节热网水水温或添加冷剂水
8	余热水断水	(1) 水泵跳闸或损坏。 (2) 过滤器堵塞。 (3) 阀门误关	(1) 停止热泵运行修理。 (2) 清洗过滤器。 (3) 打开阀门
9	热网水断水	(1) 水泵跳闸或损坏。 (2) 过滤器堵塞。 (3) 阀门误关	(1) 停止热泵运行修理。 (2) 清洗过滤器。 (3) 打开阀门
10	余热水温差迅速减小，机内压力异常升高	传热管泄漏或机组其他部位异常泄漏	采取紧急措施： (1) 停机并切断机组电源。 (2) 停余热水、热网水并关闭相关阀门。 (3) 放尽机内存水。 (4) 将机内溶液排至贮液罐，揭开各部件端盖盖板，进行气密性检查
11	触摸屏上显示温度等参数波动较大	(1) 接地不良。 (2) 温度探头等传感器不良。 (3) 触摸屏有故障	(1) 重新接地。 (2) 检修或更换。 (3) 更换

序号	现象	原因	排除方法
12	溶液泵或冷剂泵不运转	(1) 泵电动机过载保护。 (2) 控制电路有故障。 (3) 泵本身有故障。 (4) 自动保护动作	(1) 查出过载原因，处理后，再复位。 (2) 检修电路。 (3) 更换或检修。 (4) 查明原因
13	发生器一直高液位，浓溶液进吸收器管温度下降	热交换器或浓溶液进吸收器管内溶液结晶	熔晶，打开发生器与吸收器连通管上的球阀，并增大溶液循环量以降低机组运行时的浓溶液浓度
14	控制系统无电	(1) 检查量否有电源供给。 (2) 检查控制箱空气开关是否合上，并检查空气断路器输入、输出是否有电。 (3) 检查控制箱控制回路单极开关是否合上，并检查单极开关输入、输出是否有电。 (4) 根据电气原理图检查各部分控制元器件的电源供给情况	
15	触摸屏工作异常	(1) 检查通信线及电源是否连接正常牢固，检查触摸屏电池期（每3年须更换）。 (2) 按照触摸屏操作手册故障查找和维护内容进行检查	

（四）真空泵的常见故障及排除方法

真空泵的常见故障及排除方法见表8-2。

表 8-2　　　　　　　　　　真空泵的常见故障及排除方法

序号	故障	原因	排除方法
1	极限真空不高	(1) 油位低，油对排气阀不起油封作用，有较大的排气声。 (2) 油牌号不对。 (3) 油乳化。 (4) 阻油器及其管道泄漏。 (5) 旋片弹簧折断。 (6) 油孔堵塞，真空度下降。 (7) 旋片、定子磨损。 (8) 吸气管或镇阀橡胶件装配不当，损坏或老化。 (9) 真空系统严重污染，包括管道	(1) 加油，在中心线上下5mm范围内。 (2) 换牌号正确的真空泵油。 (3) 拧松油箱底部放油螺栓放出乳化油或水珠，并适当补油，若太脏还需用真空油置换清洗。 (4) 检查泄漏处并消除。 (5) 更换新弹簧。 (6) 应放油，拆下油箱，松开油嘴压板，拔出进油嘴，疏通油孔，但是不要用棉纱头擦零件。 (7) 检查、修整或更换。 (8) 调整或更换。 (9) 清洗
2	漏油	(1) 放油旋塞和垫片损坏。 (2) 油箱盖板垫片损坏或未垫好。 (3) 有机玻璃热变形。 (4) 油封弹簧脱落。 (5) 气镇阀停泵未关。 (6) 油封装配不当磨损	(1) 检查并更换。 (2) 检查、调整或更换。 (3) 更换、降低油温。 (4) 检查、检修。 (5) 停泵时关闭。 (6) 重新装配或更换
3	喷油	(1) 油位过高。 (2) 油气分离器无油或有杂物。 (3) 挡液板松脱或位置不正确	(1) 放油使油位正常。 (2) 检查并清洁检修。 (3) 检查并重新装配
4	噪声	(1) 旋片弹簧折断，进油量增大。 (2) 轴承磨损。 (3) 零件损坏	(1) 检查并更换。 (2) 检查、调整，必要时更换。 (3) 检查、更换
5	返油	(1) 泵盖内油封装配不当或磨损。 (2) 泵盖或定子平面不平整。 (3) 排气阀片损坏	(1) 更换。 (2) 检查并检修。 (3) 更换

（五）屏蔽泵常见故障、原因及排除方法

1. 轴承磨损

（1）回转部件的动平衡破坏，应检查并修理回转部件。

（2）泵产生气蚀，应检查原因并排除。

（3）溶液内有杂物，应使溶液再生，且检查泵过滤网并清洗。

（4）工作流量处在不适当的范围，使轴向载荷过大，应将泵流量调整到适当的流量范围内。

2. 泵电动机电流增加

（1）泵内部流体阻力增加，检查泵壳体、叶轮及诱导轮，表面粗糙时，用砂纸或机械方法将其表面磨光。

（2）轴承接触面异常，检查并调换轴承、轴套、推力板，消除摩擦增大原因。

（3）转子和定子接触不良，检查其表面有无膨胀变形等异常，消除磨损原因。

（4）叶轮与泵壳接触不良，检查泵轴与叶轮的安装，并检查泵轴的弯曲度，若轴弯曲不符合规定时，应校对或调换新轴。

（5）泵壳内有异物，应拆下泵壳，检查泵内是否有异物。

（6）泵电动机绝缘电阻下降，线圈电阻三相不平衡，应使其复原，否则要调换定子。若电动机受湿，应用喷灯慢慢烘干。

（7）电动机缺相运行，检查电动机接线部位的紧固状态，有松动时，应紧固。

（8）电源的电压和频率变动，检查电路电源。

3. 热继电器保护装置频繁动作

（1）泵电动机过载、过热，检查工作液体流量、温度，检查清洗过滤网。

（2）热继电器故障，检修或调换热继电器。

4. 屏蔽泵噪声或振动大

（1）泵反转，应改变电动机接线，使泵旋转方向正确。

（2）泵流量过大或过小，应检查机组运转情况，使泵的流量在规定的范围内。

（3）泵发生汽蚀，见表8-1中序号6、7。

（4）泵吸入异物，检查并排除异物。

（5）泵壳与叶轮或诱导轮接触，检查并检修。

（6）泵内部螺钉松动，检修泵。

（7）泵的回转部件动平衡不良，应检查并校正泵的动平衡。

第四节　热泵供热系统运行与优化

影响热泵供热系统性能的因素较多，除了影响参数较多之外，热泵与热网加热器的耦合，热泵与汽轮机的耦合，电厂内不同机组供热的耦合，大大增加了热泵运行优化的复杂性。因此，虽然热泵只是热电联产机组的一个子系统，但其运行优化却比汽轮机组更为复杂。热泵运行优化问题目前仍在不断探索之中，本节仅是提出解决这一问题的基本原则和技术方法。

一、 基本优化原理

虽然掌握优化问题相关的基本原理，对于现场工程技术人员来讲并无迫切要求，但由于热泵运行优化问题的复杂性，首先需要了解一些优化问题涉及的基本概念，后续再介绍热泵运行优化时更加方便。

工程设计中最优化问题的一般描述是要选择一组参数（设计变量），在满足一系列有关的限制条件（约束）下，使设计指标（目标）达到最优值。这一描述涉及以下 3 个方面：

（1）目标变量。整个优化问题就是找到这个目标变量的最优值，由于目标变量可以表示为相关参数的函数，所以也可称为目标函数。

（2）设计变量。在进行优化时那些可以变化的变量，设计变量所有可能的取值范围构成设计空间。设计空间一般是一个多维空间，设计变量的个数决定了设计空间的维数。

（3）约束条件。约束条件是对设计变量取值范围的限制，可以用等式或不等式表达。

（4）最优化问题的求解大多在数学规划的领域内进行研究，可以表示成如下形式的数学规划问题，即

$$
\begin{cases}
X = \left[x_1, x_2, \cdots, x_n \right] \\
\text{s. t. } g_i(X) \leqslant 0 (i = 1, 2, \cdots, n) \\
\text{s. t. } f_i(X) \leqslant 0 (i = 1, 2, \cdots, n) \\
\max f(X)
\end{cases}
$$

式中的 X 是有所有设计变量构成的向量；s. t. 是 "subject to" 的缩写，表示 "在……约束条件之下"，$g_i(x)$、$f_i(x)$ 是约束方程；$\max f(X)$ 是指目标函数 $f(X)$ 取最大值，取最小值可以认为是 $-f(X)$ 的最大值。

进行工程优化设计时，可将工程设计问题用上述形式表示成数学问题，这项工作就是建立优化设计的数学模型，再用最优化的方法求解。

二、 热泵优化运行问题

按照一般优化问题的数学描述，以下首先建立热泵运行优化问题的准确描述。

（一）目标变量

简单地表述为运行经济性最优并不能满足准确数学描述的需要。

首先，考虑到热泵与热网加热器的耦合、热泵与汽轮机的耦合、电厂内不同机组供

热的耦合等，运行经济性应是相关机组整体的运行经济性，而不能是热泵供热系统本身的经济性，甚至也不能是单台热电联产机组的经济性。因此，虽然习惯上仍称为热泵运行优化，但应注意实际上是带有热泵的热电联产机组供热运行优化。

其次，要选择合适的经济指标。推荐在给定供热量和供电量下，以循环吸热量作为目标变量。于是，循环吸热量与其他运行参数的关系就是热泵运行优化问题的目标函数。

（二）设计变量

多种因素均会影响余热回收热电联产机组经济性，主要包括：

（1）电功率。

（2）供热量。

（3）热网水流量。

（4）热网供水温度。

（5）热网回水温度。

（6）热泵出水温度。

（7）热泵性能系数（COP）。

（8）中压缸排汽压力。

（9）排汽压力。

上面这些因素有些是相互影响的，并非独立条件，如热网水流量及热网供水、回水温度确定后，供热量也就确定了。

另外，一些影响汽轮机组性能的参数，如主蒸汽压力、温度等，与供热性能并非直接相关，可以单独进行优化。

除了参数较多之外，还应注意到，若电厂中几台机组供热系统相互耦合，以上各项参数均应包括两台机组整体参数以及两台机组各自的参数，从而大大增加优化问题的复杂程度。

（三）约束条件

设计变量中的电功率和供热量由外部用户需求决定，不是优化对象，可以采用约束条件的方式处理。但由于电功率和供热量对机组性能及优化结果有较大影响，故需在不同的电功率和供热量条件下分别进行优化。当有多台机组耦合时，典型的情况是，各台机组的电功率分别给定，而给定总的供热量，可以在各台机组进行分配。

供热量与热网水流量及进出水温度的关系也可以采用约束条件的方式进行处理，此时建立相关变量的等式关系。

另外，一些运行限制可以采用不等式的方式建立约束，如排汽压力的最大值，热泵抽汽参数、余热参数的安全限值等。

（四）运行优化方法

1. 运行优化的原则

热泵系统的优化运行即充分发挥热泵优势，有效利用机组冷凝余热，目的是在汽轮机组许可真空范围内，找出机组最佳运行真空点，使机组（主机和热泵）的发电和供热整体收益最大化。

热泵系统的运行是一个动态过程，并且受外部因素影响较大，刚投产的热泵系统应先通过试验确定不同供热和发电工况下最佳运行曲线，制定运行策略，指导经济运行。最佳运行曲线主要包括机组最佳背压曲线、驱动蒸汽压力曲线、余热水温度（余热蒸汽压力）及流量曲线等。

2. 基本技术路线

类似汽轮机组运行优化的试验方法，难以完全适用在热泵的运行优化。随着相关参数个数的增加，不同参数的组合方式以几何级数增长，仅以 5 个参数为例，每个参数取 3 个值进行组合，其总的工况数将达到 $3^5 = 243$，全面采用试验方法测量其性能已不现实。

完全通过理论计算方法，从数学上来说，解决这样的优化问题已有相当成熟且实用的方法，但由于系统中各个设备实际运行性能与设计性能难免存在差别，优化结果有时可能存在较大偏差。

因此，工程中较为现实的方式只能是通过试验测量各个设备的变工况性能，进而建立机组数学模型，从而可以采用计算的方法获得运行优化结果。

3. 主要参数影响分析

无论采用何种优化方式，对主要影响参数进行分析即可为优化工作理清思路、简化工作，又可直接提出运行操作的原则。

以下对主要影响参数分别进行简单说明：

（1）热网水流量与热网供水温度。供热量一定时，一般热网回水温度也是一定的，此时热网水流量越大，热网供水温度越低。对于典型热泵方案，在管网允许的情况下，宜采用大流量、低回水温度的方式运行。对于大温差热泵方案，在管网允许的情况下，宜通过减小流量的方式，保证设计的热网循环水供水温度，降低回水温度。

（2）驱动蒸汽压力。供热机组一般设有低压缸进汽蝶阀调整供热抽汽压力，从而改变机组中压缸排汽压力。蝶阀节流程度越大，节流损失越大。但若过于频繁调节蝶阀，当蝶阀的可靠性不高时，还可能影响机组运行可靠性。故应根据机组具体情况确定合理优化的运行控制方式，在保证进入热泵的驱动蒸汽压力、温度在设计值附近的同时，优化选择驱动蒸汽压力。

（3）热网回水温度。热网回水温度对机组供热经济性的影响受供热系统配置方式影响有所不同，在不同的温度区段也有所不同。

对于在热泵之前设置有利用排汽直接加热热网水的前置换热器的系统，若将热网回水温度通过在热力站设置吸收式热泵使之降低到排汽压力对应的饱和温度以下的区段，就可以利用更多排汽对热网水进行加热，增加余热利用份额，提高经济性。若非如此，则需具体计算确定。

在高寒期应尽可能缩短热网回水温度大于设计值的持续时间。原热网补水温度低于热网回水温度且补水位置在热泵后，补水可改造至热网循环水回水进热泵前，以尽量降低热网循环水进入热泵系统的温度，实现热泵的优化运行。

（4）热泵出口热网水温度。热泵出口热网水温度越高，同等条件下回收的余热量越大，经济性提高。

一般来说，热泵出口热网水温度较低，需要通过热网加热器来进一步加热到需要的供水温度，供水温度越低，所需的抽汽量越小，余热回收占整个供热量的份额越大，经济性更好。

（5）热泵性能系数（COP）。热泵 COP 受运行参数的影响，在 3 个热源温度变化时，COP 都会随之变化。虽然在实际运行参数变化范围内，COP 变化幅度不大，但准确的优化优化应考虑到 COP 的变化。另外，热泵本身换热性能变化也会影响 COP，运行中应注意监视，当发现 COP 降低时应及时分析处理。

（6）排汽压力。排汽压力对机组供热经济性的影响同样受供热系统配置方式影响有所不同，在不同的供热量和发电量时也有所不同。热泵运行优化的主要优化参数是汽轮机的排汽压力，应在不同的电功率和供热量，以及热网水量、质调整方式下，分别进行优化。

排汽压力升高，汽轮机经济性降低，热泵余热回收量增加。排汽压力下降，汽轮机经济性升高，但若排汽压力过低，则会严重影响热泵回收余热。对于设有前置换热器的机组，排汽压力升高，回收余热量显著增加。而对机组整体经济性的影响在不同的供热量时有显著的差异。供热量足够大时，在一定范围内提高排汽压力，回收余热量的增加占据主导因素，总是有利于提高经济性；供热量较小时，电功率降低占据主导因素。中间存在一个较小的过度区段，有一定的优化空间，因此，排汽压力的优化更多的是在不同的发电量条件下，找到排汽压力影响发生转变的供热量。

第九章

余热回收热电
联产工程验收及试验

    余热回收热电联产工程，采用蒸汽驱动吸收式热泵技术回收机组循环水或排汽中的余热用于对外供热，已在火电企业改造项目和新建项目中广泛推广应用。由于吸收式热泵装置属于非标准电厂设备，大容量制热功率的吸收式热泵设备造价都相对较高，导致该类项目投资额度相对较大。同时，吸收式热泵的工作效果直接取决于对边界参数的设计选择，该类项目的设计及建设质量也将直接影响其投产后的运行效果和经济收益。因此，为确保余热回收热电联产工程建设质量，须按照相关标准中的要求进行工程验收，并开展相关性能考核试验，以确保整个项目的即投产、即达标、即收益。

    本章内容从余热回收热电联产工程验收和热泵项目性能考核试验两个方面进行论述，结合热泵供热项目特点，介绍相关验收标准、验收方法及验收要求，并对性能验收考核试验方法和与常规汽轮机性能试验的差异进行说明。

第一节　验收相关标准

    热泵技术和吸收式热泵技术的理论早已有之，但吸收式热泵装置大型化时间并不长。由于吸收式热泵广泛应用于火电领域较晚，工程应用积累时间相对还比较短，除了一些通用的火电及热电联产方面的行业标准之外，涉及余热回收热电联产工程的热泵行业标准研究在近年才陆续提出来。根据中国国家标准化管理委员会和中国电力联合会标准化管理中心发布的信息，当前已经公布或在研的相关标准主要有：

    1.《火力发电厂吸收式热泵工程验收规范》（DL/T 1645—2016）

    该标准规定了火力发电厂应用吸收式热泵装置回收机组余热工程验收的主要内容、要求和方法，适用于火力发电厂吸收式热泵余热回收利用工程。标准对吸收式热泵工程验收条件、验收内容及指标评价、验收要求及验收试验等进行了说明和规定。

    2.《采用吸收式热泵技术的热电联产机组技术指标计算方法》（DL/T 1646—2016）

    该标准规定了采用吸收式热泵技术的热电联产项目技术指标的计算方法，适用于采用吸收式热泵技术的热电联产项目技术指标的统计计算和评价分析。标准对吸收式热泵技术参数指标、综合指标以及采用热泵技术的热电联产项目技术经济指标进行了系统阐述，对各项指标的计算方法进行了规定。

    3.《发电厂余热回收系统节能量检测试验导则》（国标计划编号 20121643-T-524）

    该标准规定了发电厂余热回收系统节能量检测基本的测试方法，适用于热力发电厂锅炉尾部烟气、汽轮机乏汽或机组循环水余热回收系统节能量的测试。标准对汽轮机侧排汽余热回收吸收式热泵系统的试验前期准备、现场试验方法、数据处理及结果计算、试验报告编制等各方面做了系统深入的研究。截至 2017 年底，该标准征求意见稿仍处于评审修订阶段。

采用吸收式热泵技术热电联产项目，涉及设计边界条件选取、余热回收量及节能量计算、热泵选型及系统布置、运行调节等几个关键技术和主要方面。从实际项目实施情况看，尤其是早期项目，存在部分工程未达设计值和设计效果的情况。因此，对于一个投资动辄几千万元甚至上亿元的热泵供热项目，如何对其工程进行验收、评价和通过科学试验检验设计效果，是一个关键问题。

从前述相关标准也可看出，随着工程项目共性问题暴露和工程经验的逐步积累，吸收式热泵技术热电联产项目在技术指标计算、项目实施效果评价、项目验收方法等方面的规范化是最为迫切的。与此同时，相关标准的研究制定，也对进一步推动该技术的科学应用发挥指导性和标准化作用。

第二节 验 收 条 件

此处论述的余热回收热电联产工程验收条件，主要指的是作为工程项目验收准备，应该具备的、必要的设计、制造、施工、安装、调整试运及考核试验等方面工程资料，主要包含供热、汽轮机、热泵、电气、热控、土建及安装试运等各项技术资料。

一、 供热资料

(1) 热网现状及供热规划。

(2) 历年采暖期平均气温延续小时数、采暖热负荷曲线。

(3) 采暖抽汽参数、驱动蒸汽汽源参数、热网系统参数。

(4) 主机供热面积、热泵供热面积、原有供热面积、新增供热面积。

(5) 热网水管道规范、热网循环泵规范。

(6) 采暖综合指标。

(7) 热电比。

(8) 热化系数。

(9) 供热安全系数。

(10) 热网水水质分析。

二、 汽轮机资料

(1) 汽轮机规范、热力特性书。

(2) 冷端设备规范，包括凝汽器、循环水系统或空冷系统参数等。

(3) 循环水泵、循环水塔或空冷岛规范。

(4) 循环水水质设计资料及水质分析。

三、 热泵资料

(1) 热泵设备规范。

(2) 热泵性能曲线。

(3) 热泵工作工质特性。

(4) 热泵换热器规范、设计裕度。

(5) 热泵运行保护条件。

(6) 热泵停备用防腐保养条件。

四、 电气热控资料

(1) 热工控制方式、自动化水平、控制系统设计和布置。

(2) 热泵厂用电系统、电气一二次系统、直流及不停电电源系统。

五、 土建资料

(1) 热泵房建筑设计条件。

(2) 结构设计依据及参数。

(3) 地基、支架、沟道等其他设施结构。

六、 其他资料

(1) 设备及系统安装资料。

(2) 设备及系统调试资料。

(3) 性能考核试验资料。

(4) 运行及检修资料。

上述资料中，涉及项目设计选型资料、项目建设实施和项目考核试验等三个方面。同时，由于供热项目往往受制于供热规划、热电联产调度运行及供热需求变化等方面客观存在的诸多不确定因素等特点，加上大部分热泵供热项目都是技改项目，施工工期比较紧张，施工条件存在许多限制，实际项目执行过程中存在不可控情况，项目建设质量控制也有一定难度。但决定项目验收最终效果的所有不确定因素中，依然是设计方面。决定项目成败及实际效果的，重点还是在于设计边界条件及设计选型。如果从设计是龙头的角度而言，保证项目实施效果的重点依赖如下。

一是，从近年来的余热利用热泵改造项目经验总结看，供热参数、供热规划、供热现状等边界条件是最重要的设计基础，如前述供热资料所述，这部分实际决定了项目的供热预期需求和供热输送能力，即当前或近期的供热需求有多大缺口或增长空间，当前供热管道能支持输送多少这部分热量需求。

二是,当前项目的机组,具备多大的供热能力和余热回收潜力。如前述汽轮机资料所述,这部分实际决定了项目机组能提供多少的驱动蒸汽能力,机组具备多少的排汽余热量。

三是,在前述供热需求、供热能力和驱动能力、余热量基础上,热泵如何选型,技术和经济上支持多大的余热回收量,即前述热泵资料所述部分。

因此,此类工程验收的重点,除常规火电项目验收要点之外,侧重于对设计条件及设计选型的检查验收,一是看设计选型是基于什么项目条件,在该项目条件下的主设备选型;二是看系统设计、布置及建设实施落实情况;三是通过各项试验结果,来检验验证设计选型及系统设计;四是针对验收结果提出下一步优化改进及优化运行方面的建议措施。

第三节 验 收 内 容 及 指 标

参照常规火电建设工程相关验收标准及达标投产管理办法,为确保项目建设质量并考虑项目建设实际,余热回收热电联产工程的验收内容及指标体系原则上也分为启动调整试运技术指标、投产考核期指标和性能考核验收试验技术指标等若干部分。

本节具体讨论的,重点放在与常规火电建设工程验收不同之处和结合本类型项目特点的重要及需注意之处。常规火电建设工程验收工作中共性、通用的部分,此处不再赘述,参考相关行业标准和规定即可。

一、 启动调整试运技术指标

1. 真空严密性

由于余热回收热电联产项目是通过吸收式热泵装置来提取回收机组排汽或循环水余热,热泵装置与机组冷端相连,尤其是直接空冷机组项目,汽轮机排汽直接进入热泵装置蒸发器,主机真空系统和热泵相连一起。此外,无论湿冷机组还是空冷机组项目,为保证热泵装置内部换热器工作效率和防止溴化锂溶液腐蚀换热管材,均需要建立和保持一定真空度。因此,余热回收热泵项目,对于机组真空严密性和热泵装置本身的真空度都提出了具体要求。

(1)热泵主要部件及整机高真空检测试验的泄漏率应达到厂家保证值。该项技术指标对于热泵换热器的换热效率和换热管材工作安全至关重要。一是需要热泵厂家提供相关检测检验报告;二是需要确保合理的管材选择及焊接、胀接处理工艺;三是设计合理的抽真空装置,并能实现自动运行控制。

(2)对于直接空冷机组,热泵与冷端系统对接安装后宜进行风压气密性试验。试验要求应符合 DL/T 5210《电力建设施工质量验收及评价规程》(第 5 部分:管道及系统)

规定。

（3）对于直接空冷机组，主机及热泵相连的整体真空系统严密性试验压降应不大于 0.2kPa/min。试验方法及要求应符合 DL/T 1290《直接空冷机组真空严密性试验方法》规定。

上述（2）、（3）项技术要求，指的是由于直接空冷机组排汽管道直径较大，排汽到各组热泵的供、回分支管道接口较多，相当于直接空冷机组多了排汽管道面积和焊口，如果严密性无法保证，将直接影响主机运行经济性，严重时将影响主机运行安全性。因此，必须有严格的确保热泵和主机连接后整个冷端及与热泵连接系统的真空严密性措施。

2. 联锁保护试验

（1）断水保护。为防止吸收式热泵中溴化锂工质在溶液浓度高时发生结晶，热泵应设置断水保护。启动试验中，应试验热网水流量低、余热循环水流量低时，热泵断水保护动作的可靠性，断水保护动作值应符合设计安全要求。

（2）热泵防结晶试验。通过调整发生器和吸收器溴化锂溶液浓度，试验防结晶控制机制是否符合设计要求。

（3）热泵跳闸时，应联锁关闭热泵入口侧的驱动蒸汽控制阀和截止阀。

（4）机组跳闸时，应联锁关闭驱动蒸汽靠汽轮机侧的隔离阀和止回阀。

（5）热泵辅助系统联锁试验，如疏水罐水位联锁保护试验、疏水泵保护跳闸试验等。

联锁试验，重点在于三个方面：

一是防止溴化锂溶液结晶，该项保护是吸收式溴化锂热泵的重要运行要求，是热泵主保护，正常运行时绝不允许发生，否则轻则设备返厂维修，重则设备报废。由于吸收式溴化锂热泵内部蒸发器、吸收器及发生器、冷凝器的工作原理所定，驱动蒸汽热量和回收余热热量，都是要通过一定流量的热网水送出去，只要驱动蒸汽通入，就不允许余热循环水流量过低或者热网水流量过低。同时，还应注意热泵启动和停运过程中三者的投退先后循序，以免出现溴化锂溶液浓度异常升高结晶问题。在调试阶段，必须进行断水保护试验，监测热泵热网水、循环水流量低保护设定值准确性，检验流量开关的可靠性。

二是机组跳闸或热泵跳闸时，热泵驱动蒸汽返回对于机组安全性的影响。虽然热泵工作时驱动蒸汽流量并非很大，但是由于驱动蒸汽管道较长，相当于增加了与汽缸连接蒸汽管道的有害容积，因此，必须设置热泵驱动蒸汽管道在汽缸侧、热泵侧的快关截止阀、止回阀，以确保机组跳闸、热泵跳闸瞬间，管道蒸汽不返回机组造成主机安全性影响。

三是热泵系统辅助装置的试验，比如驱动蒸汽疏水泵联锁保护、热泵装置附属设备联锁保护等。

3. 热泵甩负荷试验

（1）如前文所述，热泵系统甩负荷试验主要指的是各种因素导致需要退出驱动蒸汽即退出热泵制热运行时，热泵及各相关阀门联锁动作安全可靠，以确保主机和热泵设备安全。热泵系统应根据标准做100％甩负荷试验，通过甩负荷试验检查热泵系统的安全性、联锁保护的可靠性及对主机运行的影响。

（2）热泵系统甩100％负荷试验指在热泵额定工况下将驱动蒸汽全部瞬间切断。在做100％甩负荷之前，各分系统调试完成，所有联锁保护试验应完成且合格，并宜先进行甩部分负荷试验。

（3）热泵甩100％负荷时，相关联锁保护动作正常，机组各参数应控制正常，工况波动不超出运行规程允许范围。

4. 满负荷试运

（1）满负荷试运条件：满负荷试运是热泵项目进入168h试运的必要条件。热泵满负荷试运本身也需要条件，关键是各项参数能达到设计满负荷的边界条件，这也是项目设计成功与否的重要检验。

1）主机运行正常，相关参数在热泵设计范围内运行。不能因为热泵投运和调整而影响主机正常运行。同时，热泵各项指标都在正常设计范围内，不能有太大偏差，否则即便性能指标通过修正能达设计值，也说明设计工况和实际运行工况偏离较多。如果发现偏离较大，应及时查找原因并努力消除。

2）热泵稳定运行，且保持铭牌额定功率值。铭牌供热制热量，可以通过热泵DCS上计算制热量核对。当然，该制热量计算值中用到的流量或热量计应经过校验且满足相关精度要求。考核试验必须安装相应的高精度试验测点来计算热泵制热量。

3）汽水品质达到化学监督合格值。由于主机汽水系统和热泵相连接，应有防止热泵溴化锂溶液泄漏的措施，以免导致机组汽水品质受到污染。所以，必须加强汽水品质监督。

4）如下试验必须完成：循环水（余热蒸汽）余热源切换试验、驱动蒸汽变流量试验、甩负荷试验。热泵余热源即循环水或排汽切换，主要考虑对机组原有循环水或排汽系统运行的影响，防止部分循环水或排汽进入热泵后、阻力上升等影响原有系统运行，以此检验余热源侧设计的可靠性和切换灵活性。驱动蒸汽变流量试验主要是考虑热泵入口驱动蒸汽流量调整阀控制特性及热泵随驱动蒸汽变工况能力。

（2）满负荷试运指标。

1）热泵满负荷试运，热泵平均负荷率应不低于额定值制热量的90％，连续运行时间应不少于168h。热泵本身为非旋转装置，涉及的压力、温度等级均不高，因此，该设备的安全性相对较高。热泵装置系统运行后，作为主机一个分系统，与整机作为一体考虑满负荷连续运行时间。

2）热泵连续满负荷时间应不低于96h。

3) 热泵热工控制、电气仪表投入率 100%，指示准确率 100%，热工控制、电气保护投入率 100%，热工控制自动投入率不小于 95%。

4) 机组及热泵系统水、汽中含有的二氧化硅、铁、溶解氧、pH 值指标应达到验评优良值，不发生热泵工作介质泄漏。

5. 试运综合指标

(1) 热泵从驱动蒸汽管道吹扫至完成 168h 满负荷试运，不超过 20 天。热泵项目一般驱动蒸汽管道都较长，焊口较多，为确保整个蒸汽管道的清洁度，不得使焊渣、浮锈等携带进入热泵，蒸汽管道必须进行管道吹扫，并需确保吹扫质量符合相关规定要求。

(2) 从管道吹扫至完成 168h 满负荷试运，热泵负荷率大于 90% 的天数不宜少于 10 天。

二、 投产考核期技术指标

(1) 等效可用系数。热泵等效可用系数指热泵装置可用小时数减去降低供热功率等效停运小时数与统计期间小时数的比例，可按下式计算。考核期内，热泵等效可用系数应不小于 85%，即

$$H_{EAF} = \frac{H_{AF} - H_{EH}}{H_{PH}} \times 100$$

式中　H_{EAF}——等效可用系数，%；

　　　H_{AF}——可用小时数，指热泵装置处于可用状态的小时数，为运行小时数与备用小时数之和，h；

　　　H_{EH}——降低供热功率等效停运小时数，指热泵装置降低供热功率（不包括按季节负荷曲线正常调整供热功率）小时数折合成按铭牌容量计算的停运小时数，h；

　　　H_{PH}——统计期间小时数，h。

(2) 非计划停运次数，根据工程经验一般不超过 3 次。

(3) 汽轮机组月平均水、汽品质合格率不低于 98%。

(4) 机组整体真空严密性试验不大于 0.2kPa/min。

(5) 热泵系统在整个供热期内调整控制方便灵活，不发生冷却塔或空冷岛冻害事故。

由于吸收式热泵热电联产项目，部分机组循环水或机组排汽分流进入热泵，冬季严寒季节容易导致空冷岛或者冷却塔发生冻害，必须从设计上和调整方式上给予充分考虑；热泵机组与直接空冷主机排汽真空侧连接时，热泵系统相关换热器及管路的严密性也直接影响主机真空。上述两点，在项目调试和正常运行期间，都必须引起重视和加强监督。

三、 性能考核验收试验技术指标

1. 性能考核试验主要技术指标

(1) 热泵在设计工况下供热功率、COP 值、回收余热量。

（2）热泵在设计工况下出口热网水温度、进出口热网水温升、出口循环水（乏汽冷凝水）温度、进出口循环水温降。

（3）热泵最小供热功率、最大供热功率，热泵变工况性能。

（4）设计工况下热泵热网水侧、循环水侧系统阻力。

（5）设计工况下热泵系统耗电量。

（6）热泵设计工况下机组排汽余热利用率。

（7）热泵设计工况下的综合技术经济指标：供热和发电煤耗、厂用电率、电厂循环热效率等。

（8）热泵装置内换热器真空度。

以上为性能考核试验主要的参考性能指标。一般而言，对于主设备热泵装置，其主要性能指标肯定要进行考核。而对于整个余热回收热电联产项目，节能量等综合指标也是非常重要的性能指标和项目设计水平的重要方面。

由于项目投资和运作方式不同、配套供货范围不同等各种因素，具体哪些指标列入考核即性能保证值和作为性能参考值，需具体项目具体分析，并经过双方商定。

2. 性能保证指标

性能保证值应至少包含上述（1）"热泵在设计工况下供热功率、*COP* 值、回收余热量"中 3 项。

此 3 项性能保证值为热泵性能要求的最基本性能指标，即必须要考核验收的技术指标。除了标准规定的性能保证值外，其他均可作为具体项目的参考性能指标或性能保证值来进行双方商定及考核，通过技术协议或合同约定即可。

3. 其他技术指标

（1）噪声。试验方法及要求应符合 DL/T 799《电力行业劳动环境监测技术规范》规定。热泵装置虽然是非旋转装置，但是体量大，流过的热网水、循环水等流量较大，溴化锂溶液在工作时也产生较大噪声。此外，由于部分项目采暖抽汽压力不足以满足热泵驱动蒸汽压力需求，采用了压力匹配器装置来引用高压汽源，但是压力匹配器原理决定了其噪声很大。因此，需注意热泵装置及主要辅机的噪声设计与控制。

（2）散热量。试验方法及要求应符合 DL/T 934《火力发电厂保温工程热态考核测试与评价规程》规定。热泵装置体量较大，作为制热设备，需注意保温材料设计。

（3）合同双方约定的其他考核指标。

第四节 验收原则及要求

一、验收原则

余热回收热电联产工程建设及验收遵循的一些原则如下：

（1）余热回收吸收式热泵工程建设应遵守国家、行业规定的基本建设程序和验收程序。

（2）余热回收吸收式热泵工程项目投产进入商业运行后，验收评价及考核办法应遵守电力行业相关规范、规定。

（3）余热回收吸收式热泵工程及其主设备宜在设计条件下进行验收。当实际条件与设计条件存在偏差时，应进行合理修正。若偏差超出合理修正范围时，应由参与验收各方协商确定解决方法。

无论是热泵供热项目还是常规火电机组新建、技改项目，偏离设计值较大的情况都是普遍存在的。一些项目虽然表面上看是达到设计要求指标了，但是都是通过较大修正量来实现的，往往一些修正项目和修正量还存在说不清楚、是否合理的情况。修正量越大，则一定程度上说明实际运行工况偏离设计工况越大。因此，同常规火电建设项目一样，对于余热回收热泵项目，在供货合同谈判阶段确定边界参数、修正曲线非常重要。同样，性能考核试验的试验方案准备也很关键，需事先确定好试验边界条件、测点安装方案等关键内容，在设计阶段便应该提前考虑。

（4）余热回收吸收式热泵工程的设备质保期，宜为不少于移交生产后一个完整供热年。由于热泵供热项目，一般都是第一个供热季建设试运投入，运行时间偏短，所以需经历下一个供热季检验考验，才能充分说明主设备质量、性能的可靠性。

二、 基本要求

吸收式热泵装置本质上是一个表面换热设备，但由于溴化锂溶液特性及热泵系统特点，早期应用到热电联产工程领域时，由于热泵厂家和火力发电厂用户之间对彼此设备、工艺特性都不是很熟悉，导致一些项目实际运行效果出现偏差。这从新设备、新工艺的角度而言，也是正常的探索和摸索过程。随着后续项目的不断完善，尤其是从设计角度进行优化，使得热泵装置能与电厂相关系统进行良好接口，也成为热电联产机组供热系统一个重要组成部分。

（1）设计质量、工程质量验收应符合国家、行业的标准、规程规范中有关工程验收的要求和规定。

（2）性能考核验收试验应符合相关行业标准，并由具备相关资质的试验检测单位进行性能考核验收试验。

（3）性能考核试验应按照合同规定，在设计阶段对试验方法、试验标准及基准、保证值的解释、测点与测量装置的数量、安装位置、数据处理、计算方法、试验准确度等进行具体商讨落实。

三、 验收时间

余热回收热电联产工程最终验收，应在 168h 满负荷试运合格、经过一个完整供热季的投产考核期且性能考核验收试验完成后进行组织。

（1）调整试运结束时间：在整套热泵装置系统安装、调试完毕，通过 168h 满负荷试运行，验收合格且移交生产投入正式商业运行。

（2）性能考核试验时间：应在调整试运结束、移交生产投入正式商业运行后一个采暖供热季内完成。

（3）投产验收时间：应在投产考核期结束且已完成性能考核验收试验后组织验收。

四、验收试验依据及方法

（1）国家行业相关法律、法规、政策及标准、规定。

（2）工程项目合同和相关技术协议要求。

（3）工程项目设计资料。

（4）应采用国家和行业标准规定的性能试验方法，暂无国家和行业标准的可参照国内外同类项目试验验收规程和方法。

由于热电联产即产电又产热且两者能量品位不同的特点，如何科学合理地计算热耗率、发电煤耗率等在国内外都存在不同意见，关于汽轮机组供热工况性能试验及性能计算均缺乏标准。但以下几点是可以确定的：一是可以参考已颁布的其他标准进行项目设计及评价计算，比如《火力发电厂技术经济指标计算方法》（DL/T 904）中关于热电联产机组技术指标的计算规定，都放到同一个标准和计算方法下，进行相对比较也是有说服力的。二是对热泵装置本身性能指标的试验和计算是可以实现的，比如回收余热量、COP 值、供热功率、阻力等。三是通过投退热泵装置对比试验，比如在投退前后尽量保证相同环境参数、相同发电负荷条件下，对比投退前后的热耗率、煤耗率，以此来计算节能量，也是相对科学合理有可比性的。

五、验收试验工况

（1）吸收式热泵工程性能考核验收试验工况宜包含 100％热泵额定工况、75％热泵额定工况、50％热泵额定工况、最大热泵供热工况、最小热泵供热工况。

试验工况的确定，首先是根据供货合同和技术协议中约定的性能验收指标、验收试验来确定的，应该说是根据合同要求进行试验定制。热泵供热系统的额定工况及部分负荷工况试验是针对热泵供热功率、供热负荷而言，衡量热泵制热功率需依赖于较高精确度的流量、热量测量装置。通过额定工况和部分工况试验，既可以检验热泵装置系统在设计工况下的性能效果，又可以检验热泵装置系统的变工况性能。同时热泵最大、最小供热工况能检验设计最大和最小出力，一是考查换热功率、换热面积是否达标，二是考查热泵装置实现最小热负荷供热的灵活性和安全性。

为确保试验结果合理性和验证厂家提供的性能修正曲线，必要时或合同约定下，可单独对热泵的入口热网水温度、循环水或排汽温度、驱动蒸汽压力和热网流量、循环水或排汽流量等边界参数进行特性试验，试验验证或测试 COP、回收余热量、制热功率随着边界条件变化的特性曲线。

此外，上述试验可以同步考核热泵装置各性能指标和热泵项目的综合性能指标。

（2）试验工况应根据试验目的、试验条件和机组运行状况，并结合相关试验标准等，编制试验大纲和试验方案阶段进行统筹安排。

（3）宜在热泵额定负荷考核工况下做重复性试验，以减小试验结果的不确定度。同一工况点的两次试验，其修正后试验结果偏差应满足相关试验规程要求，否则需进行附加试验。若仍没有两个差异接近的，应仔细检查试验仪器和试验方法以便做出下一步决定，在继续试验前必须找到原因并消除。

（4）每个工况试验持续时间应不低于 2h。

第五节 验收考核试验

如本章第一节论述到的，余热回收热电联产工程的性能验收考核试验方法，尚未正式颁布相关标准，当前可参考其他试验标准并结合项目合同及实际情况开展。同时，前文也提到了早期部分项目往往是热泵性能指标达到了而热泵项目综合指标未必能达到，主要原因一方面是设计本身原因导致设计边界与实际运行边界条件差异较大，热泵验收试验结果需要较大修正量；另一方面还是试验方法及节能量计算方法的不统一问题。由于热泵项目还涉及一些节能量政策资金补助问题，如何科学地试验评价热泵项目节能量，是一个值得深入研究的课题。

本节主要从热泵装置性能试验和热泵项目节能评价试验两个角度，结合常规汽轮机热力性能试验方法，来着重介绍和讨论业内开展余热回收热电联产工程性能验收考核试验的不同之处及性能计算的典型方法。

一、 试验目的及基准

余热回收热电联产工程性能考核试验主要目的，一方面是通过一定精度要求的性能测试，来考核验收热泵装置主要性能是否达到设计值，比如 COP、制热功率、回收余热量、系统阻力、最大最小出力、性能曲线等；另一方面是把热泵和机组作为一个整体，通过试验考核热泵装置投入后能实现多少节能效果，如功率增加值、节煤量等。

试验目的决定了试验内容和试验方法，也决定了试验的工作量和试验成本。对于热泵装置性能试验而言，这一块的试验目的基本能达成共识。而对于热泵项目节能评价而言，虽然最终都是为了试验计算得到发电煤耗率和节煤量，但是试验方法却相差较大，主要体现在试验基准和比较基准上。目前一般较多采用定负荷基准（发电功率不变）、定主汽流量基准（主机阀位及进汽参数不变），同时还要考虑供热量增加或不增加的情况等。无论采用何种方法，真实节能量只能有一个，不同试验基准引起试验边界条件、试验运行工况不同,加上热电联产的发电煤耗率计算方法问题,导致最终节能量试验结果有差异。

一般较多采用以定负荷为试验基准,热泵投退对比试验还应尽量保证机组供热热负荷、环境参数等条件前后一致,这样可以直观看到在同样发电负荷、供热负荷等条件下发电煤耗量变化的结果。

需要指出的是,热泵系统作为一个附属系统,其运行依赖于汽轮机及其热力系统,热泵项目性能试验也是以此基础来开展的。热泵项目性能试验的热泵装置性能试验是针对热泵装置本体进行性能指标测试,需要在汽轮机及其热力系统下运行并满足相应边界条件;其热泵项目节能量试验是针对包含热泵装置的机组整体系统来测试供电煤耗率的变化,需要在整个机组下运行并满足相应边界条件,这两部分试验一般同时进行。相比常规机组热力性能试验,热泵项目试验相当于增加了热泵系统的性能指标试验,因此,也需要新增加这一部分的试验测点等。同时,常规汽轮机热力性能试验和机组供电煤耗率试验应遵循的相关试验标准、计算标准,也适用于热泵项目性能试验。

二、 试验测点及仪表

对于热泵装置性能试验,需要在热泵的驱动蒸汽、热网水、循环水或排汽 3 个系统侧布置相应试验测点,以计算得到 COP、制热功率、回收余热量、系统阻力及特性曲线等性能指标。湿冷机组热泵装置性能试验测点布置如图 9-1 所示。空冷机组热泵项目试验测点布置与之类似。

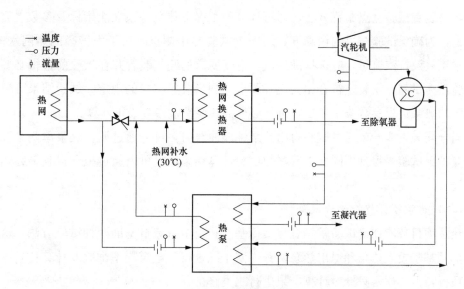

图 9-1 热泵装置性能试验测点布置

从图 9-1 可见,为测试热泵装置相关性能参数及特性,需在驱动蒸汽、热网水、循环水或排汽侧安装温度、压力及流量测点。同时,为兼顾计算热网系统供热量和采暖抽汽量,在热网循环水母管系统及采暖抽汽系统也需布置相应温度、压力、流量试验测点。对于采暖抽汽及热泵驱动抽汽流量，为确保精确度，一般通过测量抽汽疏水流量和减温水流量来实现。

对于热泵项目节能量评价试验而言，热泵和主机成为一个系统整体进行考核试验。除了图 9-1 热泵装置测点布置之外，还需对汽轮机及其热力系统进行试验测点布置。一般项目要求中，按照汽轮机简化性能试验来布置测点即可满足要求，即按照 ASME 或者国标相应不确定度试验规程，在高、中缸进出口界面及高压加热器给水系统部分布置相应温度、压力、流量、电功率等试验测点即可，主流量可采用凝结水流量或给水流量基准。由于该部分试验测点与常规汽轮机热力性能试验、机组供电煤耗率试验无差异，在此不赘述及附图，参考相关试验规程即可。

三、 试验条件及方法

在试验条件方面，除了热泵变温度、变流量、变压力特性试验之外，热泵各参数应保持在设计值范围内，驱动蒸汽压力、热网水回水温度以及热泵循环水或排汽温度应尽可能保持恒定，热网循环水流量、循环水或排汽流量波动尽可能小。其他试验条件方面，同常规汽轮机性能试验规程要求。

除了常规汽轮机性能试验中的试验方法之外，为了获得余热回收热泵项目性能试验目的中各项技术性能指标，要进行如下试验。

（一）热泵装置性能试验

由于边界清晰，计算方法简单、明确，所以试验方法也相对确定。即通过前面所论述的热泵装置试验测点布置方法，即可计算各工况下热泵各项性能指标及参数。需要注意的是，为确保试验结果的精确度，需布置试验专用测点。对于大管径的热网水流量、循环水流量及排汽流量，应选择满足试验进度要求的测量装置并在试验前进行必要的检定校验，流量测点安装应符合相关规程要求和测量装置本身的规定。试验结果可根据合同约定的热泵边界参数修正项目，进行必要的热泵性能参数修正计算。

当合同规定或希望通过试验得出热泵性能曲线时，可以通过调整热泵单侧系统参数进行变工况试验，得到不同变工况参数试验计算结果后，可以通过拟合得到最终热泵特性曲线。

（二）热泵项目节能评价试验

热泵项目节能评价试验常见有定负荷基准和定主汽流量基准两种试验方法。这两种方法都是基于投入热泵和退出热泵两种不同工况进行发电煤耗率试验及计算比较。根据热泵项目特点，通常只针对计算结果进行二类修正。

1. 定发电负荷基准

定发电负荷基准指的是确保投退热泵两个试验工况的发电负荷一致、总供热负荷一致，此外环境条件等也尽量保持接近，然后对比两次试验的供电煤耗率作为热泵项目节能量评价结果。此即定发电负荷、供热量不增加条件下的节能量对比试验。

同负荷下退出、投入余热回收系统两种运行模式下，机组热耗率变化差值应按下式计算，即

$$\Delta q = q_{qc} - q_{tr}$$

式中　Δq——机组热耗率变化差值，kJ/(kW·h)；

q_{qc}——热泵系统退出切除后机组热耗率，kJ/(kW·h)；

q_{tr}——热泵系统投入后机组热耗率，kJ/(kW·h)；

退出、投入热泵系统，机组供电煤耗率之差即节能量应按下式计算，即

$$\Delta b_g = b_{gqc} - b_{gtr}$$

式中　Δb_g——热泵系统投入使用后机组节能量，g/(kW·h)；

b_{gqc}——热泵系统退出切除后机组供电煤耗率，g/(kW·h)；

b_{gtr}——热泵系统投入后机组供电煤耗率，g/(kW·h)；

一般热泵项目实际节能量收益评价，都是按照"投退热泵两个试验工况的发电负荷一致、总供热负荷一致"条件下计算，即核算节能量的前提是发电功率一致、供热量一致。

2. 定主汽流量基准

定主汽流量基准指的是投退热泵两个试验工况下，汽轮机保持同样阀位、进汽压力和同样的供热负荷，确保进入汽轮机的主汽流量尽量保持一致，对比试验结果直观体现于发电负荷的不同。通过计算投退热泵试验的电功率增加率，用于修正到相同热电比条件下的热耗率变化值，继而得到发电煤耗率变化值，即对比试验的节能量计算结果。

热泵不投入运行工况下修正后的发电机出力以 P_{C1} 表示，热泵投入运行工况下修正后的发电机出力以 P_{C2} 表示，则热泵系统投入运行后较投入前的节能量用以下公式表示，即

$$P = P_{C2} - P_{C1}$$

$$C = P/P_{C1} \times 100\%$$

式中　P——热泵系统投入运行后电功率增加值，kW；

C——热泵系统投入运行后机组经济性提高率，%。

定发电负荷基准，通过同发电功率、同供热负荷条件下对比投退热泵的供电煤耗率差值，较能直观反映煤耗率节能量变化，但忽略了热泵投运情况下发电功率和供热功率的品位差异；定主汽流量基准，通过同主汽流量、同供热负荷条件下对比投退热泵的发电功率差异，也能直观反映投运热泵的性能效果，定主汽流量基准较为客观地反映了对比试验机组输入能量的一致性，但试验时主汽流量不变的条件，本身也是较难直接精确测量和确保的。因此，这两种试验基准的热泵项目性能验收试验方法理论上都可行，也各有利弊。

四、试验计算案例

以常用的定负荷基准为例进行热泵性能验收考核试验计算说明。

(一) 验收考核试验机组概况

1. 汽轮机规范

(1) 型号：C250/N300-16.7/538/538。

(2) 主蒸汽：流量为 887.54t/h，压力为 16.7MPa，温度为 538℃。

(3) 供热抽汽：机组额定抽汽压力 (绝对压力) 为 0.40MPa，抽汽压力 (绝对压力) 调整范围为 0.245~0.6MPa，额定抽汽量为 500t/h。

(4) 凝汽器背压 (绝对压力)：4.9kPa。

2. 热网参数

(1) 实际运行：供水温度为 75~100℃，回水温度为 40~50℃。

(2) 热水循环量：8000~9500m³/h，热水管径为 DN1200。

(3) 热网热水泵：共 4 台调速泵，3 用 1 备，每台流量为 3388m³/h，扬程为 135m，功率为 1800kW。

(4) 热网加热器：共 4 台，一台汽轮机配置 2 台加热器。

3. 循环水系统

每台机配 2 台循环水泵 (均为双速泵)，冬季 1 台泵运行；单台水泵流量为 16920/14508m³/h，扬程为 23/17m，电动机功率为 1600/1000kW。

(二) 热泵余热利用系统设计性能保证值

在驱动蒸汽压力 (绝对压力) 0.3MPa、温度为 230℃，蒸汽凝结水温度为 100℃，热网水进水温度为 50℃、出水温度为 75.5℃、流量为 9500t/h，循环水进水温度为 35℃、出水温度为 28.1℃、流量为 14500t/h 条件下：

热泵总制热量为 281MW，余热回收量为 116MW，热泵 COP 为 1.70，热泵循环水侧阻力为 0.07MPa、热网水侧阻力为 0.098MPa。

(三) 试验计算结果

在热泵设计性能保证工况下和在机组相同发电功率、相同供热负荷条件下，试验计算热泵性能参数，并通过投退热泵系统试验的方法，对比机组发电煤耗率的变化。试验计算结果如表 9-1、表 9-2 所示。

表 9-1　　　　　　　　　热泵系统投退试验节能量计算结果

项目	单位	投运热泵系统	退出热泵系统
机组功率	MW	210.42	209.76
主汽流量	t/h	759.88	811.40
给水流量	t/h	722.73	798.74
凝结水流量	t/h	600.02	631.65
再减水流量	t/h	6.38	4.75
过减水流量	t/h	37.03	15.39
主蒸汽温度	℃	538.26	534.36

续表

项目	单位	投运热泵系统	退出热泵系统
高压排汽压力（绝对压力）	MPa	2.77	2.92
高压排汽温度	℃	316.12	312.38
再热器热段压力（绝对压力）	MPa	2.46	2.60
再热器热段温度	℃	532.34	530.94
一段抽汽流量	t/h	49.48	56.26
二段抽汽流量	t/h	51.60	58.51
三段抽汽流量	t/h	37.63	41.23
四抽至除氧器流量	t/h	19.53	21.59
机组背压（绝对压力）	kPa	6.58	4.09
热网加热器疏水流量	t/h	0	372.95
热网加热器供热量	MW	0	281.373
热泵供热量	MW	285.712	0
试验热耗率	kJ/(kW·h)	5033.97	5621.80
二类修正后热耗率	kJ/(kW·h)	5020.78	5596.59
锅炉效率	%	93.2	93.2
厂用电率	%	7.46	7.70
修正后供电煤耗率	g/(kW·h)	200.89	224.52
修正同供热量后节能量	g/(kW·h)	—20.53	—

表 9-2   热泵系统性能验收试验计算结果

项目	单位	热泵额定出力工况	热泵最大出力工况
机组功率	MW	210.42	210.40
驱动蒸汽压力（绝对压力）	MPa	0.16	0.32
驱动蒸汽温度	℃	156.11	157.11
驱动蒸汽疏水温度	℃	79.45	85.86
热泵热网水进口温度	℃	38.71	38.22
热泵热网水出口温度	℃	66.76	69.57
热泵热网水进口压力（绝对压力）	MPa	0.24	0.24
热泵热网水出口压力（绝对压力）	MPa	0.14	0.14
热泵循环水进口温度	℃	33.85	35.62
热泵循环水出口温度	℃	24.53	25.49
热泵循环水进口压力（绝对压力）	MPa	0.25	0.25
热泵循环水出口压力（绝对压力）	MPa	0.19	0.19
热泵热网水流量	t/h	8758.24	8682.23
热泵驱动蒸汽疏水流量	t/h	251.13	282.43
热泵热网水侧阻力	MPa	0.10	0.10
热泵循环水侧阻力	MPa	0.05	0.05

项目	单位	热泵额定出力工况	热泵最大出力工况
试验热泵组回收余热量	MW	114.63	126.68
试验热泵组 *COP*	—	1.67	1.67
修正后回收余热量	MW	118.61	129.53
修正后热泵组 *COP*	—	1.70	1.70

通过试验测试及数据分析计算，结果表明，该项目的热泵回收余热量、*COP* 值、水侧阻力等性能指标均达到设计要求。通过投退热泵试验对比，在相同供热量、发电功率前提下，热泵回收余热运行方式下，可降低供电煤耗率 20.53g/(kW・h)。

第十章
应用案例

第一节　吸收式热泵在湿冷机组应用案例

项目简介：某热电厂有 2×330MW 供热机组，设计采暖抽汽供热能力为 960 万 m²，2017 年供热面积预计达到 1200 万 m²。当地市政府为解决城市大气污染，不允许采用燃煤锅炉供热，采用天然气供热面积燃气不足问题，市政府决定对电厂循环水余热回收利用进行供热，在电厂增加 6 台 48.46MW 吸收式热泵，回收电厂一台 330MW 机组的循环水余热 119.8MW，从而解决了新增的 240 万 m² 供热面积的供热热源问题。

汽轮机型号和额定抽汽工况参数：

(1) 机组型号：CC 330/208-16.7/1.5/0.4/537/537。

(2) 机组形式：亚临界、中间再热、三缸双排汽、抽汽凝汽式汽轮机。

(3) 采暖抽汽压力：0.3～0.4MPa。

(4) 采暖抽汽温度：287.8℃。

(5) 采暖抽汽量：2×360t/h。

(6) 排汽压力：4.9kPa。

(7) 排汽量：2×73.181t/h。

(8) 给水泵汽轮机排汽量：2×41.293t/h。

一、热泵边界系统参数

1. 采暖抽汽系统

首站内换热器加热蒸汽来自 2 台 330MW 机组的采暖抽汽，首站设计供热能力按额定采暖抽汽工况设计：机组抽汽量为 2×360t/h，抽汽压力为 0.4MPa，抽汽温度为 287.80C。

2. 热网循环水系统

厂区供热首站一次热网供回水管径 φ1220×14mm，设计供回水温度为 130℃/70℃，满足热网水 10000m³/h 的流量要求。2014—2015 年采暖季供回水温度为 85℃/50℃，2015—2016 年采暖季供回水温度为 90℃/55℃。

3. 机组循环水系统

单台 330MW 机组凝汽器循环水流量为 20000t/h，从主厂房 A 排外 DN2200 送至湿式冷却塔。

二、 循环水余热回收方案

（一）总体方案

在机组实际运行工况下，热网循环水流量按照换热首站内 4 台热网循环水泵运行，最大循环水量为 10000t/h。回水温度为 55℃，进热泵采暖抽汽压力为 0.35MPa。2 台机组额定排汽压力为 4.9kPa，凝汽器出口循环水温度约为 31.14℃。为了使改造后热泵机组达到较高的经济效益，且能保证汽轮机安全运行，本方案拟将 2 台机组排汽压力提高到 7.5kPa，此时凝汽器出口凝结水温度为 39.35℃，凝汽器的平均端差值为 4.2℃，凝汽器出口循环水温度提高至 35.15℃，即本方案实施后循环水系统运行参数：循环冷却水水温为 35.15℃、流量为 20000m³/h，直接通过新增循环水管道送至吸收式热泵房，热泵吸收余热后，循环水温度降至 30.0℃后送回冷却塔塔池，再通过电厂现有循环水系统 2 台双速泵加压后将冷却水再送至 1、2 号机组凝汽器循环冷却。热泵回收余热供热系统热力系统见图 10-1。

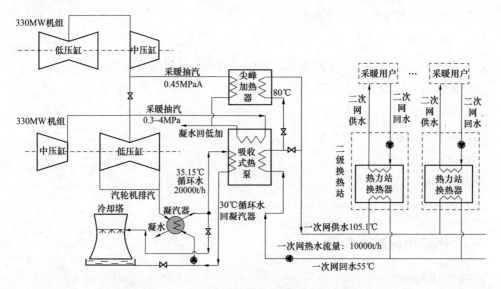

图 10-1　热泵回收余热供热系统热力系统图

2 台机组实际采暖抽汽量 2×325t/h 工况下，6 台热泵可吸收余热 119.8MW，余热利用可增加供热面积 239.6 万 m²。热泵需要驱动蒸汽量为 231t/h，热网加热器加热蒸汽量为 419t/h。根据热平衡计算，在此工况下电厂利用热泵和热网首站热网加热器可提供采暖面积约为 1176.0 万 m²，热网供回水温度为 105.1℃/55℃，详细数据见表 10-1。

表 10-1 　　　　　　　　　　　　热平衡计算表（实际运行工况）

项目	名称	压力（MPa）	温度（℃）	流量（t/h）	热量（MW）	供热面积（万 m²）
循环水余热回收 Q_2	循环水热泵进口	0.2	35.15	20000	119.8	239.6
	循环水热泵出口	0.2	30.0	20000		

续表

项目	名称	压力（MPa）	温度（℃）	流量（t/h）	热量（MW）	供热面积（万 m²）
驱动热源 Q_3	热泵进口驱动饱和蒸汽	0.35	287.8	231	172.2	344.4
	热泵出口凝结水	0.15	90			
热泵吸收热量 Q_1	热网水热泵进水	0.6	55	10000	292	584
	热网水热泵出水	0.475	80.0			
热网加热器	热网加热器进口蒸汽	0.35	287.8	419	296.1	592.2
	出口凝结水	0.2	120			
电厂1、2机总供热	热网首站供水	1.6	105.1	10000	588.1	1176.0
	热网回水	0.6	55			

（二）余热量分析

根据汽轮机厂提供的汽轮机热平衡图，单台机组额定运行工况采暖抽汽量为 360t/h，两台机组额定抽汽工况下的排汽冷凝热（含给水泵汽轮机排汽冷凝热）就是可利用的余热，根据电厂汽轮机的上述数据，得出可利用的排汽余热量为 156.5MW。

由于该机组发电负荷受到当地用电量的限制，单台机组实际运行工况采暖抽汽量约为 325t/h，2 台机组可利用的排汽余热量为 119.8MW，改造方案按实际可回收余热量进行设计。

（三）吸收式热泵选型

为了满足电厂增加供热能力的要求，按回收全部余热量 119.8MW 考虑，采用 6 台单机制热量 48.46MW 的热泵。溴化锂吸收式热泵机组技术参数见表 10-2。

表 10-2　　　　　　　　　溴化锂吸收式热泵机组技术参数

制热量		kW	48460
		10^4kJ/h	17445.6
热网水	进出口温度	℃	55.0～80.0
	流量	t/h	1666.7
	水侧阻力	MPa	0.10
	接管直径（DN）	mm	500
余热水	进出口温度	℃	35.15～30.0
	流量	t/h	3333.3
	压力降	MPa	0.08
	接管直径（DN）	mm	700
驱动蒸汽	压力	MPa	0.35
	流量	t/h	43.33（减温后）
	疏水温度	℃	≤95
	蒸汽管直径（DN）	mm	2×350
	疏水管直径（DN）	mm	2×125
电气参数	电源		380V
	电流	A	135
	功率	kW	52

制热量		kW	48460
		$10^4\,kJ/h$	17445.6
外形尺寸	长度		11500
	宽度	mm	9100
	高度		7700
运行重量		t	340

三、 热力系统改造

1. 余热水系统

改造后余热水系统流程：余热水为厂内 2 台机组配套凝汽器的冷却循环水，循环水出凝汽器后接入热泵机房，经各分支管道送入各个吸收式热泵机组提取热量后，出水输送经过新增循环水管道至塔池，再经过原有循环泵输送至凝汽器，再次进行闭式循环。当外部热负荷较低，不能全部消耗机组余热时，可通过管道系统阀门开度调节，部分循环水可以经原循环水回水母管输送至冷却塔冷却，再经循环水泵加压后送入凝汽器循环。

2. 热网循环水系统

在实际采暖工况下，热网循环水进入热泵系统流量为 10000t/h，需要运行热网首站的 4 台流量为 2500m³/h 的热网循环水泵。55℃的一次热网回水送入各热泵机组加热至 80℃。经过 4 台热网循环水泵加压后，再送入 4 台热网加热器再次加热后，接入一次热网循环水供水母管，可满足热网循环水量的要求。

3. 供热蒸汽系统

热泵所需蒸汽从 1、2 号机组 A 排外采暖抽汽母管引出一根 DN1400 的加热蒸汽母管至热泵机房。汽轮机在额定运行工况下，采暖抽汽压力为 0.4MPa、温度为 287.8℃，考虑管路损失后至热泵机房内蒸汽压力约为 0.25～0.3MPa，可满足热泵机组运行蒸汽压力要求。但考虑机组运行情况，采暖抽汽压力往往偏低，在考虑管道压降等影响因素，不能满足热泵蒸汽参数要求。因此，拟考虑从 1、2 号机组 1.5MPa 工业抽汽管道（DN250、DN300）上分别引接 2 根 DN150 管道（1 用 1 备），工业蒸汽经减压阀减压至 0.6～0.8MPa 后沿汽流方向接入 DN1400 热泵供汽母管，保证热泵入口加热蒸汽压力维持在 0.25～0.3MPa。

根据热泵机组要求，进入蒸汽的过热度要小于 15℃，在热泵机房内设置 2 套喷水减温器（1 运 1 备），将蒸汽减温至饱和参数，减温水采用热泵凝结水，从凝结水泵出口母管引接。

4. 凝结水系统

热泵凝结水回收至热泵房内凝结水箱，经凝结水泵加压送至 1、2 号机组主厂房内高压除氧器。

热泵驱动蒸汽凝结水温度为 90℃，为防止凝结水气化，站内设置凝结水箱 1 台，有效容积为 50m³。

本方案热泵机房内设置 2 台凝结水泵（1 用 1 备），单台流量为 340m³/h，扬程为 120mH₂O，电动机功率为 190kW。

5. 减温水系统

热泵加热蒸汽的减温水从凝结水泵出口凝结水母管引接。

2017—2018 年采暖期实际运行回收余热量数据见表 10-3。

表 10-3　　　　2017—2018 年采暖期实际运行回收余热量数据表

日期	回收的循环水余热量（GJ）				
	2017 年 11 月	2017 年 12 月	2018 年 1 月	2018 年 2 月	2018 年 3 月
1 日	5251	10628	11481	11302	8076
2 日	5251	10422	11258	11159	7891
3 日	5829	10685	11336	10576	7657
4 日	5462	10715	11549	11052	7804
5 日	5457	8829	11896	10264	7554
6 日	5559	9181	12048	8640	7229
7 日	5773	9293	12330	7763	7565
8 日	5702	8813	12155	7211	7672
9 日	5863	9087	12062	6883	7043
10 日	6339	9229	12453	6922	6980
11 日	6532	9311	11884	7000	7002
12 日	6248	9304	10473	7050	6448
13 日	6320	9169	10579	6648	5594
14 日	6586	9583	10398	6205	5536
15 日	6579	9819	10287	6226	5528
16 日	7188	8894	9887	5984	5416
17 日	7221	9350	10020	5730	5374
18 日	7690	9675	11070	3992	5485
19 日	7951	9512	11268	4740	5460
20 日	7657	9188	11309	6817	4920
21 日	7785	9266	11361	6793	5897
22 日	8207	10461	11116	7048	5696
23 日	9095	10167	11124	7242	5581
24 日	10031	10667	10974	7241	5422
25 日	10319	10610	11182	8801	5502
26 日	9846	11060	11341	8258	5469
27 日	10042	11575	11469	8043	4419
28 日	10215	11216	11460	7907	—
29 日	10208	11346	11627	—	—
30 日	9712	11164	11841	—	—
31 日		11391	11811	—	—
合计	221918	309610	351049	213497	170220
总计	1266294				

四、项目节能收益分析

项目节能收益分析见表 10-4。

表 10-4　　　　　　　　　　项目节能收益分析

项目	数量	单价（税后）	效益（税后）
使用余热供热增加效益	155.3×104GJ	30.444 元/GJ	4728.0 万元
减少冷却塔补水增加效益	93.394 万 t	0.9 元/t	83.8557 万元
背压升高增加燃料成本	762.39t	338 元/t	−25.77 万元
热泵系统增加用电成本	992.38×104kWh	0.297 元/kWh	−294.74 万元
供热面积增加热网补水成本	180000	4.5 元/t	−81.0 万元
热泵机房增加定员工资	5 人×12 月	5850	−35.1 万元
效益合计			4375.3457 万元

本项目利用循环水余热增加供热量，2017—2018 年采暖期实际运行回收余热量为
126.6 万 GJ，经济效益为 4375.3457 万元，根据试验结果，降低发电煤耗 19.09g/kWh。
经济效益显著，达到了预期效果。

首站热泵及厂房图片如图 10-2～图 10-4 所示。

图 10-2　首站热泵

图 10-3　首站热泵厂房　　　　　　　　　　图 10-4　热泵建设中

第二节　热力站采用吸收式热泵项目案例

一、项目概况

电厂供热区域内的采暖建筑面积为 $5963.18 \times 10^4 m^2$。其中，燃煤锅炉供热面积为 $1802 \times 10^4 m^2$，大型燃气锅炉供热面积为 $694.7 \times 10^4 m^2$，分散式燃气锅炉约为 $1059.3 \times 10^4 m^2$，热电联产机组供热面积合计为 $1421.18 \times 10^4 m^2$；壁挂锅炉供热面积为 986 万 m^2。

城区燃煤小锅炉房分散点多、面广，遍及全市，且分布不合理，单位供热面积耗能较大，使能源浪费严重。每到供暖期，由于分散小锅炉数量多、容量小、效率低、煤耗大、消烟除尘效率低下，且都采取低空排烟，造成城区污染严重，空气质量差，一些锅炉房设备老化严重、设施残缺不全，维修、维护、管理严重缺位，热效率降低到 50%～70%之间，严重影响了供热质量。

燃气锅炉房占地面积小，燃烧效率高，且总体排放污染少，符合国家节能环保要求；但燃气锅炉因炉内燃烧温度高，NO_x 排放较高；另外，燃气锅炉投资及运行成本较高，且受气源短缺的制约。

二、二级站热泵供热方案

政府为积极响应国家环境政策，改善城市空气质量，满足减少碳排量的要求，拟关闭现有采暖燃煤小锅炉。通过对电厂现有机组供热能力进行充分挖掘的基础上，进行改造，实现长输距离供热。电厂距市区边缘直线距离约为 40km。

电厂现有装机容量为 $2 \times 600MW + 2 \times 1060MW$，总装机容量为 3320MW，实施热电联产集中供热改造后，最大安全供热能力为 $8400 \times 10^4 m^2$，热源充足。采用低压管道即可实现供热，供热保证率高。通过采用互联网＋供热模式，热源热网一家，增设集中控制中心，实现供热管理的"智能化、科学化、规模化"。

（一）一级网

为满足采暖供热负荷的需求，项目一期一级网回水温度选用 50℃，一级网供水温度选用 110℃，供、回水温差为 60℃；为了充分利用项目一期建设管网的输送能力，项目二期可以通过吸收式热泵改造，达到项目规划最大供热负荷，通过电厂供热（二期）系统一级网供回水温度，在室外温度－2℃时可利用一级网供水作为热泵驱动热源，使一级网回水温度降至 30℃，一级网供水温度采用 130℃，项目二期一级网供、回水温差为 100℃。

因此，本项目一级网设计供、回水温度为 130/30℃，一级网的近期供、回水温度为 110℃/50℃。

（二）二级网

1. 暖气片采暖系统

目前，暖气片热水采暖用户设计供/回水温度一般为 95/70℃。但间接连接供热系统因换热器端差的问题导致二级网的设计供/回水温度一般为 85/60℃，甚至更低。从理论上讲，由于用户室内散热系统的供/回水温度由 95/70℃ 降低为 85/60℃，其散热量也将至少降低约 16%。但从国内各热力公司近几年的实际运行情况看，供热效果仍然较好，并未因二级网的实际供/回水温度降低而受到影响。其原因主要有三点：

（1）室内散热系统设计富裕量偏大。

（2）随着建筑节能技术的推行，建筑物的实际耗热量减少。

（3）冬季室外实际气温偏高。

考虑到换热器存在传热端差，本项目二级网暖气片热水采暖系统的设计供/回水温度采用 65/40℃。

2. 地板辐射采暖系统

因地板辐射采暖系统管材及人体舒适度的限制，其供水温度不得超过 60℃，供、回水温差不宜大于 10℃。因此，为了提高供热质量和人体舒适度，本项目二级网地板辐射热水采暖系统的设计供/回水温度为 50/40℃。

三、 热力站设置原则及数量

1. 热力站设置原则

（1）新建热力站供热规模按一座站房不超过 $30 \times 10^4 \, m^2$ 考虑，热力站的最大供热半径不超过 500m。

（2）改造热力站利用原有锅炉房进行改造，在考虑减少原有小区室外管网和原有采暖系统改造工程量的前提下，尽量减少热力站数量。

2. 热力站的设置

本项目一期实现采暖供热面积为 $4058.7 \times 10^4 \, m^2$，新建及改建热力站 132 座，其中自营 29 座，新建 27 座，改造 2 座；另有 103 座（约 50% 自营，约 50% 趸售）。

项目二期规划采暖供热面积为 $3859.3 \times 10^4 \, m^2$，其热力站的设置需结合项目实施状况进行设置。

新建和重建热力站在建设时要考虑实施热泵时的扩建位置。

四、 热力站热泵改造方案

1. 热力站运行参数

项目二期规划负荷实施后，为充分利用项目一期建设管道的输送能力，热力站需通过热泵改造来满足热用户的负荷需求，热力站的运行参数采用两种：

（1）当热用户室内散热系统为暖气片采暖时，热力站换热器一级侧设计供、回水温度为 130/30℃，换热器二级侧设计供、回水温度为 65/40℃。

（2）当热用户室内散热系统为地板辐射采暖时，热力站换热器一级侧设计供、回水温度为 130/30℃，换热器二级侧设计供、回水温度为 50/40℃。

2. 换热系统

本项目已建成的热力站在既有换热机组的基础上进行热泵改造，新建隔压换热站和热力站机组采用热泵换热机组。换热系统设水-水换热器、循环水泵及吸收式热泵等设备。由热源来的一级网供水通过水-水换热器将二级网的用户回水加热，温度降至 50℃再进入热泵，经热泵进一步提取热量后温度降至 30℃返回热源；由用户返回的二级网回水通过热泵加热温度升至 45℃，经循环水泵加压后进入水-水换热器，经水-水换热器加热温度升至二级网设计供水温度后送至热用户。

项目按规划负荷实施后，不论是项目已建成热力站的热泵改造，还是新建热力站，热力站内全自动软化水处理器、水箱、除污器等设备均按项目一期热力站系统设计设置。

五、 中继能源站热泵供热方案

新建中继能源站供热面积为 147 万 m^2，中继能源站计算热负荷为 71MW，中继站选型热泵负荷为 75MW，设计选用 5 台 15MW 的溴化锂吸收式换热机组（热泵加板换组合），一次网热水进、出口温度为 130/30℃，二次网热水进、出口温度为 45/75℃。中继能源站一级网总循环水量为 645t/h，二级网总循环流量为 2150t/h。单台溴化锂热泵机组主要技术参数见表 10-5。

表 10-5　　　　　　　　中继能源站溴化锂热泵机组技术参数表

换热量		MW	15
一次热网循环水	进出口温度	℃	130→30
	流量	t/h	129
	阻力损失	kPa	60
	接管直径（DN）	mm	150
二次热网循环水	进出口温度	℃	45→75
	流量	t/h	430
	阻力损失	kPa	60
	接管直径（DN）	mm	250
电气	电源		3φ-380V-50Hz
	总电流	A	35.7
	功率容量	kW	10.8
外形	长度	mm	6200
	宽度		3700
	高度		4200（含运输架）
运行质量		t	42
运输质量			32.5

六、 新建热力站热泵供热方案 （暖气片采暖）

新建热力站供热面积为 46.54 万 m²，热力站计算热负荷为 22.2MW，热力站选型热泵负荷为 24MW，设计选用 2 台 12MW 的溴化锂吸收式换热机组（热泵加板换器组合），一次网热水进出口温度为 130/30℃，二次网热水进、出口温度为 40/60℃。中继能源站一级网总循环水量为 206.4t/h，二级网总循环流量为 1032t/h。单台溴化锂热泵机组主要技术参数见表 10-6。

表 10-6　　　　　　　　　　热力站溴化锂热泵机组技术参数表

换热量		MW	12
一次热网循环水	进出口温度	℃	130→30
	流量	t/h	103.2
	阻力损失	kPa	50
	接管直径（DN）	mm	150
二次热网循环水	进出口温度	℃	40→60
	流量	t/h	516
	阻力损失	kPa	60
	接管直径（DN）	mm	250
电气	电源		3φ-380V-50Hz
	总电流	A	20.2
	功率容量	kW	5.9
外形	长度		5000
	宽度	mm	3100
	高度		3400（含运输架）
运行质量		t	21.5
运输质量			16.5

七、 新建热力站采用热泵方案 （地板采暖）

新建热力站供热面积为 28.8 万 m²，热力站计算热负荷为 13.71MW，热力站选型热泵负荷为 24MW，设计选用 1 台 14MW 的溴化锂吸收式换热机组（热泵加板换器组合），一次网热水进、出口温度为 130/30℃，二次网热水进、出口温度为 40/50℃。中继能源站一级网总循环水量为 120.4t/h，二级网总循环流量为 1204t/h。单台溴化锂热泵机组主要技术参数见表 10-7。

表 10-7　　　　　　　　　　热力站溴化锂热泵机组技术参数表

换热量		MW	14
一次热网循环水	进出口温度	℃	130→30
	流量	t/h	120.4
	阻力损失	kPa	60
	接管直径（DN）	mm	150

续表

换热量		MW	14
二次热网循环水	进出口温度	℃	40→50
	流量	t/h	1204
	阻力损失	kPa	50
	接管直径 (DN)	mm	400
电气	电源		3φ-380V-50Hz
	总电流	A	20.2
	功率容量	kW	5.9
外形	长度		5200
	宽度	mm	3100
	高度		3200 (含运输架)
运行质量		t	22
运输质量			17.5

八、 环境效益

本项目实施后，$1802 \times 10^4 \, m^2$ 燃煤锅炉全部由电厂集中供热，每年节约标煤 75.68 万 t；可减少二氧化碳排放 204 万 t；减少二氧化硫 0.64 万 t；减少氮氧化物 0.45 万 t；燃气锅炉 $694.7 \times 10^4 \, m^2$ 全部由电厂集中供热，每年节约煤气耗量 $8336.4 \times 10^4 \, m^3$（标准状态），相当于标煤 10.123 万 t。减少氮氧化物为 155.97t。

至 2020 年，电厂供热区域内规划接带 $1059.3 \times 10^4 \, m^2$ 燃气小锅炉，每年节约煤气耗量 $12712 \times 10^4 \, m^3$（标准状态），相当于标煤 15.44 万 t。减少氮氧化物 237.83t。热力站内安装的溴化锂吸收式热泵如图 10-5 所示。

(a)　　　　　　　　　　　　　(b)

图 10-5　热力站内安装的溴化锂吸收式热泵

(a) 照片 1；(b) 照片 2

第三节 吸收式热泵在空冷机组应用案例

项目简介：某热电厂有 2×300MW 和 2×220MW 直接空冷供热机组，设计采暖抽汽供热能力 1650 万 m^2，由于城市建设的飞速发展与热源供热能力不足，导致供热缺口达 1761 万 m^2，加上受环境影响和投资巨大的制约，不能扩建和新建大容量的热电厂或区域供热锅炉。为了解决上述问题当地市政府决定对电厂乏汽余热进行回收利用供热，同时，为了进一步提高热电联产的供热能力和能源利用效率，本项目采用了在热网首站和市内二级热力站同步安装热泵增大热网供/回水温差的方式，来提高热网输送能力。

一、 汽轮机型号和额定抽汽工况参数

2×220MW 机组可提供 472MW 的供热负荷，供热抽汽来自汽轮机六段抽汽。2×300MW 机组供热能力为 698MW，供热抽汽来自汽轮机五段抽汽。表 10-8 为汽轮机主要参数。

表 10-8 　　　　　　　　　　　　汽轮机主要热力参数

项目	2×220MW		2×300MW	
	额定供热工况	最大供热工况	额定供热工况	最大供热工况
主蒸汽压力（MPa，绝对压力）	12.75	12.75	16.67	16.67
主蒸汽温度（℃）	535	535	537	537
主蒸汽流量（t/h）	659.7	659.7	1045	1045
再热蒸汽进汽阀前蒸汽压力（MPa，绝对压力）	2.342	2.451	3.38	3.38
再热蒸汽进汽阀前蒸汽温度（℃）	535	535	537	537
再热蒸汽进汽流量（t/h）	574.869	602.447	863.446	863.446
采暖抽汽压力（MPa，绝对压力）	0.294	0.294	0.4	0.4
抽汽温度（℃）	252.5	247.3	253.1	253.1
抽汽流量（t/h）	390	450	500	600
汽轮机排汽背压（kPa，绝对压力）	5.39	5.39	5.39	5.39
汽轮机排汽流量（t/h）	110.375	83.275	213.577	130.424

二、 热泵边界系统参数

1. 采暖抽汽系统

首站内换热器加热蒸汽来自 2 台 300MW 机组的五段采暖抽汽，首站设计供热能力按额定采暖抽汽工况设计，额定供热工况抽汽量为 500t/h，最大供热工况为 600t/h，抽汽压力为 0.4MPa，抽汽温度为 253.10℃。

2. 热网循环水系统

厂区供热首站一次热网供、回水管径为 $\phi1220\times14$mm，设计循环水量为 10790t/h，热网加热器把循环水从 70℃加热到 120℃。热网站设 4 台热网加热器、5 台热网循环水泵、6 台热网疏水泵，以及疏水罐、除污器、扩容器等设备。

3. 直接空冷系统

每台机组从主厂房 A 排外通过 DN5500 的排汽管道将汽轮机排汽送至 28.6m，再由 6 个 DN2600 的分配管送至空冷岛的 6 组冷却散热器，每组冷却散热器设 6 个冷却单元，其中 4 台为顺流，2 台为逆流。

三、 乏汽余热回收方案

（一）总体方案设计

本项目主要特色是拉大供、回水温差，实现能源的梯级利用。降低热网回水温度主要通过在热力站设置吸收式换热机组实现。根据 2010 年实际运行数据，一次网返厂回水温度约为 50℃。如果热力站同步改造，达到设计条件，需要在新建的 800 万 m² 热力站全部安装吸收式换热机组，并对部分具备条件的既有热力站（630 万 m²）进行改造，安装吸收式换热机组，大幅度降低该热力站支路的回水温度，使得一次网返厂回水温度降至 39℃左右。

电厂首站共安装 4 台余热回收机组，每两台余热回收机组对应一台汽轮机组，引入汽轮机乏汽作为低温热源，以采暖抽汽作为驱动热源，回收汽轮机乏汽余热，加热热网循环水。运行时余热回收机组作为一级加热，承担基本负荷，原热网首站热网加热器作为二级加热，进行调峰，将热网循环水逐级加热至 115℃供给热用户。

（二）二级热力站改造方案

1. 新建吸收式热力站

新建热力站的设置主要遵循以下几项原则：

（1）尽量降低一次网的回水温度，配合电厂内的余热回收，新建吸收式热力站全部选择在电厂供热区域，使全部低温回水均回到电厂。

（2）布置在热负荷分布的密集区域。

（3）兼顾已有集中供热现状。

（4）一级管网连接方便。

（5）充分利用现有锅炉房，将其改造为吸收式热力站。

由于新建吸收式热力站的供热区域包含新旧建筑，旧建筑的二次网供、回水温度偏高，与新建筑的回水混合后，可将一次网回水温度降至 28℃。

2. 改造既有热力站为吸收式热力站

选择改造热力站原则如下：

（1）为尽量降低一次网的回水温度，配合电厂内的余热回收，改造热力站应全部选择在电厂供热区域，使全部低温回水均回到电厂首站。

（2）由于改造热力站需将热力站系统中板式换热器替换为吸收式换热机组，并且吸收式换热机组外形尺寸比板式换热器外形尺寸大，所以应优先选择站内具有改造空间的热力站，其次选择具有站外贴建建筑空间的热力站。

改造的吸收式热力站供热区域主要为旧建筑，旧建筑采暖期的二次网供、回水温度偏高，改造后一次网回水温度可降至 32℃

3. 增加既有热力站板式换热器板片

对于不具备安装吸收式换热机组条件，或者安装施工困难的热力站采用增加换热器传热面积的方式降低一次网回水温度。改造后，二次网普通采暖热力站换热端差控制在 3℃，地板采暖热力站换热端差控制在 5℃。

综上所述，一次网综合回水温度改造完成后控制在 39℃ 左右。

（三）厂内乏汽回收设计方案

本项目对一期 2×220MW 机组和二期 2×300MW4 台直接空冷机组同时进行乏汽回收改造，每台主机对应一台热泵，每台热泵均单独设置余热回收机房。

针对直接空冷机组末级叶片排汽轴向马赫数对高背压不敏感、排汽背压允许较大变化范围的特性，可以方便调整机组背压，利用乏汽直接供热。在保证安全运行的基础上，可将机组背压提高至 30kPa 以上，在每台热泵之前设置前置换热器，直接利用汽轮机排汽加热热网循环水回水，减小热泵容量，降低设备投资。

为减少各机前置换热器的传热温差及传热过程中的不可逆损失，设计上每期的热网循环水回水通过串联方式进入本期两台机组的前置换热器，可使两台机组实现高、低背压运行，降低两台机组的平均背压，减少对发电量的不利影响，提高全厂整体经济性。

基于上述思想，设计的乏汽余热回收原则性热力系统如图 10-6 所示。每期两台供热机组的设计背压不同，2 号、4 号机组背压高于 1 号、3 号机组，前置换热器采用串联形式，吸收式热泵采用并联形式，热网水依次通过前置换热器-吸收式热泵-尖峰加热器三级加热后送至城市热网，实现了能源的梯级利用。

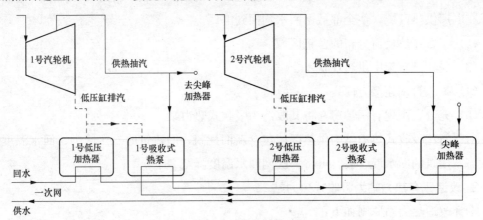

图 10-6 余热回收原则性热力系统图

四、 实际运行情况

1. 厂内余热回收机组运行效果实测

根据性能试验结果分析，一期机组2号汽轮机背压为15.95kPa时，热网循环水流量为6509.72t/h，回水温度为47.50℃，余热回收机组热网水出口温度为70.47℃，总供热量为173.69MW，其中回收乏汽占78.42MW。背压为22kPa时，热网循环水流量为6548.10t/h，回水温度为47.69℃，热回收机组热网水出口温度为74.16℃，总供热量为201.33W，其中回收乏汽占114.54MW，见表10-9。

表 10-9 　　　　　　　　　　　一期热泵性能试验结果汇总

参数	单位	设计值	背压 15kPa		背压 22kPa	
			1 号机	2 号机	1 号机	2 号机
试验日期			2013 年 2 月 6 日		2013 年 2 月 6 日	
开始时间			17：20		15：30	
结束时间			18：00		16：00	
电功率	MW	164.46	166.3	169.4	166.3	150.6
主蒸汽流量（DCS 显示）	t/h	659.70	615.67	657.93	615.8	604.0
汽轮机排汽压力（余热机组侧）	kPa	5.39	9.67	15.95	9.42	22.44
热网回水流量	t/h	6700.0	6509.72		6548.10	
热网回水压力	MPa		0.323		0.324	
热网回水温度	℃	37	47.50		47.69	
热网供水压力	MPa		0.229		0.228	
热网供水温度	℃	74	70.47		70.16	
前置换热器热量	MW	75/75	−1.60	52.88	−0.62	98.22
热泵驱动蒸汽热量	MW	33.3/39.5	43.90	51.37	39.10	47.68
热泵乏汽热量	MW	55	27.14		16.94	
余热回收机组总供热量	MW	277.8	173.69		201.33	
余热回收机组乏汽供热力	MW	207.7	78.42		114.54	
余热回收机组压损	MPa	<0.2	0.095		0.095	

二期机组在4号汽轮机背压为15kPa时，热网循环水流量为8299.64t/h，回水温度为41.85℃，余热回收机组热网水出口温度为71.54℃，总供热量为286.27MW，其中回收乏汽占158.35MW。背压为24.44kPa时，热网循环水流量为8169.62t/h，回水温度为42.40℃，热回收机组热网水出口温度为76.01℃，总供热量为319.09W，其中回收乏汽占195.61MW，见表10-10。

表 10-10 　　　　　　　　　　　二期热泵性能试验结果汇总

参数	单位	设计值	背压 15kPa		背压 24kPa	
			3 号机	4 号机	3 号机	4 号机
试验日期			2013 年 3 月 8 日		2013 年 3 月 7 日	
开始时间			9：50		18：17	
结束时间			10：30		18：47	

续表

参数	单位	设计值	背压 15kPa		背压 24kPa	
电功率	MW	258.46	255.2	256.0	250.3	251.5
主蒸汽流量（DCS 显示）	t/h	1045.0	799.60	847.70	777.5	824.6
汽轮机排汽压力（余热机组侧）	kPa	5.39		16.52		24.06
热网回水流量	t/h	10790	8299.64		8169.62	
热网回水压力	MPa		0.226		0.278	
热网回水温度	℃	37	41.85		42.40	
热网供水压力	MPa		0.146		0.201	
热网供水温度	℃	72.8	71.54		76.01	
前置换热器热量	MW	93/93	16.13	82.10	13.88	133.60
热泵驱动蒸汽热量	MW	50.7/46.4	63.36	64.56	58.61	64.87
热泵乏汽热量	MW	35.6/41.7	29.26	30.86	16.92	31.21
余热回收机组供热量	MW	370.4	286.27		319.09	
余热回收机组乏汽供热量	MW	263.30	158.35		195.61	
余热回收机组压损	MPa	<0.2	0.081		0.077	

从测试情况可以看出，随着机组背压升高，前置换热器换热量明显增加，乏汽回收功率上升，驱动蒸汽略有减少，热泵乏汽回收量变化并不大，验证了系统串并联设计方式使能源梯级利用，减小了传热过程中的不可逆损失，使整个凝汽器的换热面积能更充分地发挥作用，进而形成较低的平均机组背压，提高了机组的能效。运行中 300MW 机组背压变、供热回水温度变化影响电量如图 10-7 所示。

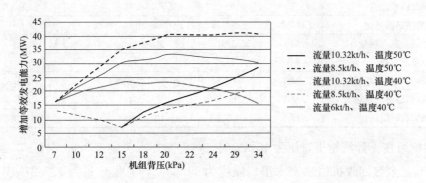

图 10-7 运行中 300MW 机组背压变、供热回水温度变化影响电量

2. 首站运行效果

改造前由于煤质不好和电力调度等问题，电厂供热能力出现不足，一、二期一次网水流量在 5300t/h 和 8000t/h 左右时，供水温度最高仅能达到 90℃ 左右。改造后，实现了汽轮机凝汽余热的提取，且凝汽供热功率稳定，测试期间均在 320MW 以上，可在不增加抽汽量的前提下，将电厂的供热能力提高 30% 以上，测试期间一次网水流量调整到6500t/h 和 9100t/h 左右，供水温度可达 110℃ 以上。电厂首站供热量构成实测数据如图 10-8 所示。

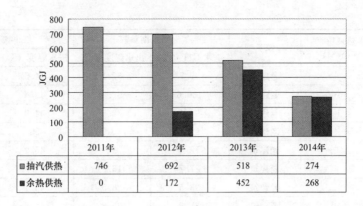

图 10-8　电厂首站供热量构成实测数据

由图 10-4 可以看出，2013 年全年供热量为 970 万 GJ，较改造前的 2011 年增加了 224 万 GJ，其中余热供热为 452 万 GJ。

运行中一期供水流量最大为 7200t/h，二期供水流量最大为 9500t/h，非试验期间热网供水温度最高为 95℃，回水温度最低为 42℃，供电煤耗下降 20g/kWh，供热煤耗下降 3kg/GJ。

3. 热网运行效果实测

对安装有溴化锂吸收式换热的热力站进行测试，测试数据取自热泵机组控制系统运行数据采集系统，2013 年 1 月 22—25 日共测试了 67 台溴化锂吸收式热泵，测试结果见表 10-11。

表 10-11　　　　　　　　　外网溴化锂吸收式热泵测试结果汇总

换热站编号	热泵功率（WM）	建筑类型	一网数据参数		二网数据参数	
			进水温度（℃）	出水温度（℃）	进水温度（℃）	出水温度（℃）
1	10	新建筑	90.6	23.9	38.6	41.3
2	10	新建筑	90.3	23.1	38.4	40.6
3	10	老建筑	90.6	27.1	42.8	49.8
4	12	新建筑	93.4	17.6	32.1	39.1
5	10	老建筑	90.6	22.3	44.6	51.7
6	8	新建筑	86.6	22.3	35.5	39.5
7	8	新建筑	86.8	17.8	31.9	37
8	8	老建筑	86.5	27.5	42.5	48.8
9	12	老建筑	85.1	26.9	43.2	50.5
10	12	老建筑	87.5	28.4	45.3	56.3
11	12	老建筑	87.7	28.5	46.8	57.4
12	6	新建筑	83.5	22.2	36.1	41
13	10	新建筑	91.4	19.8	35.4	39.9
14	6	老建筑	90	32.5	45	52.7
15	6	老建筑	92.9	31.2	44.2	50.9
16	6	老建筑	92.3	31.2	44.6	52.5
17	6	老建筑	91.3	32.2	44.3	50.8

续表

换热站编号	热泵功率（WM）	建筑类型	一网数据参数		二网数据参数	
			进水温度（℃）	出水温度（℃）	进水温度（℃）	出水温度（℃）
18	6	老建筑	90.7	32.1	44.5	50.8
19	10	老建筑	100.6	32.2	42.8	51.3
20	12	老建筑	91.4	32.5	41.9	51.2
21	4	老建筑	93.1	30.9	50	56.6
22	6	老建筑	78.6	36	45.9	49.5
23	6	老建筑	87.7	16.2	33.7	35.8
24	6	老建筑	93.5	28.5	43.1	50.1
25	10	新建筑	85.8	29.8	41.8	49
26	8	新建筑	86.9	26.9	40.6	47.6
27	10	新建筑	94.8	18.3	37.1	40.3
28	10	老建筑	94.4	33.2	46.7	56.1
29	6	老建筑	90.8	30.9	43.7	51.1
30	10	新建筑	92.8	26.3	38.6	43.6
31	6	老建筑	92.5	31.2	46	52.3
32	12	老建筑	94.8	30.3	47.2	51.9
33	6	老建筑	95	31.1	42.6	51.4
34	8	老建筑	94	30.4	46.1	52.1
35	8	老建筑	94	33.7	47.4	54.6
36	8	老建筑	94.1	31.7	45.4	51.6
37	6	老建筑	92.1	32.2	45.1	50.1
38	8	老建筑	91.5	31	43.1	51.2
39	10	老建筑	91.2	32	43.7	52.7
40	12	老建筑	92	32.5	43.6	52.2
41	12	老建筑	91.9	32.3	44.3	54.2
42	10	老建筑	92.6	29	43.5	51.1
43	8	老建筑	90	33.5	46.6	53.6
44	10	老建筑	91.6	32.9	45.1	54
45	8	老建筑	97.6	32.4	46.2	53
46	10	老建筑	92.7	32.4	46.5	53.2
47	10	老建筑	94.1	29.9	44.8	52.5
48	10	老建筑	91.2	32.5	47.4	53.3
49	8	老建筑	92.7	31.6	45.5	52.5
50	6	老建筑	94.2	29.8	41.9	45.6
51	8	新建筑	90.5	24.6	41.8	44.9
52	10	老建筑	90.4	31.8	45.5	50.8
53	4	老建筑	90.5	18.7	35	38.1
54	10	老建筑	89.8	29.9	43.8	51.4
55	10	新建筑	89.9	17	35.5	40.2
56	10	老建筑	90.1	30.7	44.3	52
57	6	老建筑	88.8	30.5	42.2	50
58	12	老建筑	89.4	31.4	44.3	51.7
59	10	老建筑	90.7	32.5	43.7	53.1

换热站编号	热泵功率（WM）	建筑类型	一网数据参数		二网数据参数	
			进水温度（℃）	出水温度（℃）	进水温度（℃）	出水温度（℃）
60	8	老建筑	91.6	31.5	45.5	52.5
61	8	新建筑	96.9	28.5	45	50.8
62	6	老建筑	94.6	30.9	45.3	52.7
63	12	老建筑	94.4	32.3	45	55.8
64	6	老建筑	94.5	31.1	45.6	51.3
65	8	新建筑	96	23.7	40	47.6
66	12	新建筑	94.1	17.6	35.6	39.9
67	6	新建筑	94.7	20	36.6	39.7

由实测数据可以看出，安装吸收式换热机组后，虽一次热网的供水温度没有达到设计值，但各热力站一次侧回水温度均可降至32℃以下，由此验证了安装的溴化锂吸收式热泵可以达到预想的降低一次网回水温度的效果。

五、 项目节能收益分析

1. 改造前后产值变化分析

依据汽轮机厂热力特性说明书、改造后性能试验结果、GB/T 1028《工业余能资源评价方法》、汽轮机厂家热平衡图及性能说明书等，结合现场实际运行数据，考虑高背压对发电量的影响分析计算汇总见表10-12。

表 10-12　　　　　　　　　　　　改造前后产值变化分析表

300MW 机组改造前						
项目	单位	设计工况				其他工况
		T-MCR	TRL	额定供热	最大供热	低调阀全开供热
汽轮机总热量	MW	752.57	742.03	753.12	753.14	753.13
抽汽可供热量	MW	0	0	328.62	394.39	216
理论余热量	MW	400.71	413.61	136.02	85.86	218
发电量	MW	323.318	300.005	258.457	242.812	289
热耗	kJ/kWh	8380	8904	5913	5319	6691
煤耗	g/kWh	304.70	323.78	215.00	193.41	243.30
每小时收入	万元	11.69	10.85	11.71	11.62	12.01

300MW 机组改造后						
项目	单位	高背压运行（背压 23kPa）			低背压运行（背压 5.39kPa）	
		低压调节汽阀全开最大抽汽供热	停热网加热器	额定抽汽量供热	额定供热	最大供热	低调阀全开供热
汽轮机总热量	MW	742	742	742	753.12	753.14	753.13
抽汽可供热量	MW	170	61.5	328	328.62	394.39	216
理论余热量	MW	251	328.5	125	135.923	85.798	218

续表

项目	单位	高背压运行（背压 23kPa）			低背压运行（背压 5.39kPa）		
		低压调节汽阀全开最大抽汽供热	停热网加热器	额定抽汽量供热	额定供热	最大供热	低调阀全开供热
发电量	MW	287	318	255	258.457	242.812	289
余热利用量	MW	138	138	125	40	40	40
总供热量	MW	308	199.5	453	368.62	434.39	256
每小时收入	万元	12.60	12.94	12.48	12.00	11.91	12.33
热耗	kJ/kWh	5444	6142	4080	5356	4725.878	6171
煤耗	g/kWh	197.81	223.16	148.25	194.61	171.72	224.24

注 1. 按含税价，发电收入 361.7 元/MWh、供热收入 20 元/GJ 计算，供热凝结水温度按设计饱和温度计算。
2. 余热热回收设备回收能力大于余热量时，按余热可以被全部回收估算；余热热回收设备回收能力小于余热量时，按余热回收设备回收能力估算。

220MW 机组改造前

项目	单位	设计工况			其他工况
		T-MCR	TRL	额定供热	低调阀全开供热
汽轮机总热量	MW	508	508	508	508
抽汽可供热量	MW	0	0	267.5	138
理论余热量	MW	293	303	74	176
发电量	MW	213.723	200	165.753	192
热耗	kJ/kWh	8558	9192	5421	6938
煤耗	g/kWh	316.04	339.45	200.19	256.21
每小时收入	万元	7.858	7.35	8.017	8.05

220MW 机组改造后

项目	单位	高背压运行（背压 23kPa）			低背压运行（背压 5.39kPa）	
		低调阀全开最大抽汽供热	停热网加热器	额定抽汽量供热	额定供热	低调阀全开供热
汽轮机总热量	MW	508	508	508	508	508
抽汽可供热量	MW	126	46	267	267.5	138
理论余热量	MW	187	251	74	71	175
发电量	MW	192	208	164	165	192
余热利用量	MW	106	106	74	25	25
总供热量	MW	232	152	341	292.5	163
每小时收入	万元	8.72	8.73	8.48	8.19	8.23
热耗	kJ/kWh	5175	6162	3666	4680	6469
煤耗	g/kWh	191	227	135	172	238

注 1. 按含税价，发电收入 367.3 元/MWh、供热收入 20 元/GJ 计算，供热凝结水温度按设计饱和温度计算。
2. 余热热回收设备回收能力大于余热量时，按余热可以被全部回收估算；余热热回收设备回收能力小于余热量时，按余热回收设备回收能力估算。

从表 10-11 中数据看出：

（1）改造前 2×300MW 机组额定供热能力为 657MW，改造后额定供热能力为 821MW；2×220MW 机组额定供热能力为 535MW，改造后额定供热能力为 633MW。

（2）改造后供热期 2×300MW 机组单位小时改造后收益增加约为 0.98 万元，2×220MW 机组单位小时改造后收益增加约为 0.84 万元。合计年均增加收益为 7207 万元。

（3）额定供热工况下改造后 2×300MW 机组发电煤耗下降为 43.57g/kWh，2×220MW 机组发电煤耗下降 46.08g/kWh。

以上分析基于 100% 负荷率，当电负荷率降低时，输入汽轮机的总热量下降，维持供热负荷不变，改造收益收入变化量绝对值不变；当供热负荷率低时，输入汽轮机的总热量下降，优先减小抽汽供热量，收益增加较额定供热量多。

2. 改造前与改造后实际生产指标情况对比

改造前与改造后实际生产指标情况对比见表 10-13。

表 10-13　　　　　　改造前与改造后实际生产指标情况对比表

名称	项目实施前	项目实施后
综合能源消费量（标准煤耗，t）	1329585.74	1267325.28
供电量（MWh）	576995.87	487599.08
供热量（GJ）	7468629.30	9622158.54
供电标准煤耗（g/kWh）	340.9	320.00
供热标准煤耗（kg/GJ）	40.44	39.037
项目年节能量（标准煤耗，t）	116321	

项目预期目标与实际效果之间产生差距的原因是由于采暖季平均气温偏高，供热需求量减少；2013 年 3 月供热期尚未结束时由于电网需求，2 号机组从 3 月 16 日转备用（供热期少运行 31 天）、3 号机组从 4 月 2 日转备用（供热期少运行 14 天），相应的乏汽余热利用设备也退出运行，因此不能达到预期的节能效果。热泵首站照片如图 10-9 所示。

图 10-9　热泵首站照片

参 考 文 献

[1] 王磊，陆震. 溴化锂溶液 h-ξ 图的扩展 [J]. 流体机械，2001，29 (7)：58-60.

[2] 戴永庆. 溴化锂吸收式制冷技术及应用 [M]. 北京：机械工业出版社，2001.

[3] 张翔宇. 新型吸收式热泵工质气液相平衡研究 [D]. 杭州：浙江大学能源工程学院，2018：1-56.

[4] 谢晓云，江亿. 理想溶液时吸收式热泵的理想过程模型 [J]. 制冷学报，2015，36 (1)：1-12.

[5] 付林，江亿，张世钢. 基于 Co-ah 循环的热电联产集中供热方法 [J]. 清华大学学报（自然科学版），2008，48 (9)：1377-1380，1412.

[6] Peijun Guo，Jun Sui，Wei Han，et al. Energy and exergy analyses on the off-design performance of an absorption heat transformer [J]. Applied Thermal Engineering，2012，48：506-514.

[7] Djallel Zebbar，Sahraoui Kherris，Souhila Zebbar，et al. Thermodynamic optimization of an absorption heat transformer [J]. International Journal of Refrigeration，2012，35 (5)：1393-1401.

[8] Adnan Sozen. Effect of irreversibilities on performance of an absorption heat transformer used to increase solar pond's temperature [J]. Renewable Energy，2003，29 (4)：501-515.